风景摄影操作密码

FENGJING SHEYING CAOZUOMIMA

数码摄影Follow Me

李继强主编

黑龙江美术出版社

U0336951

图书在版编目（CIP）数据

数码摄影follow me：风景摄影操作密码/ 李继强主编

哈尔滨：黑龙江美术出版社, 2011.5

ISBN 978-7-5318-2871-6

Ⅰ.①数… Ⅱ.①李… Ⅲ.①数字照相机：单镜头反

光照相机－摄影技术 Ⅳ.①TB86②J41

中国版本图书馆CIP数据核字(2011)第035182号

《**数码摄影Follow Me**》丛书编委会

主　编　李继强

副主编　曲晨阳　唐儒郁　张伟明

编　委　臧崴臣　张东海　周　旭　何晓彦　高福刚

　　　　李　冲

责任编辑　曲家东

封面设计　杨继滨

版式设计　杨东波

数码摄影Follow Me

风景摄影操作密码

FENGJING SHEYING CAOZUOMIMA　李继强/主编

出版　黑龙江美术出版社

印刷　辽宁美术印刷厂

发行　全国新华书店

开本　889×1194　1/24

印张　9

版次　2013年3月第1版·2013年3月第1次印刷

书号　ISBN 978-7-5318-2871-6

定价　50.00元

　　我认识作者很多年了。他是摄影教师，听他的课，深入浅出，幽默睿智，那是享受；他是摄影家，看他的作品，门类宽泛，后期精湛，那是智慧；他还是个高产的摄影作家，我的书架上就有他写的二十几册摄影书，字里行间，都是对摄影的宏观把握。拍摄过程中的点点滴滴听他娓娓道来，新颖的观念，干练的文笔，以及对摄影独到认识，看后那是启发。

　　这次邀我为他的这套丛书写序。一问，明白了他的意思，是从操作的角度给初学者写的入门书，专家写入门书，好啊，现在正好需要这样的专家！

　　"数码相机就是小型计算机"，"操作的精髓是控制"，"学摄影要过三关，工具关、方法关、表现关"，我同意作者这些观点。随着生活水平的提高，科技的发展，数字技术的突飞猛进，摄影的门槛降低了，拥有一架数码单反相机是个很容易的事，但是，拿到它之后怎样使用却让人们不得其门而入，摆在初学者面前的，就是如何尽快熟悉掌握它，《C 派摄影操作密码》《N 派摄影操作密码》《后期处理操作密码》……都是作者为初学者精心打造的。作者站在专家的高度，鸟瞰整个数码单反家族，从宏观切入，做微观具体分析，在讲解是什么的基础上，解释为什么操作，提供方法解决拍摄中的问题，引导新手快速入门。

　　把概念打开，术语通俗，原理解密，图文并茂，结合实战是这套丛书的特点之一。

　　风景、花卉、冰雪、纪念照，把摄影各个门类分册来写，不是什么新鲜事，新鲜的是—作者站的高度，就像站在一个摄影大沙盘前，用精炼的语言勾画一些简明的进攻线路。里面有拍摄的经过，构思的想法，操作的步骤，实战的体会。

　　本丛书帮助初学者理清了学习数码单反相机的脉络，作为一个摄影前辈，指导晚辈们少走很多弯路。作者从摄影的操作技术出发，图文并茂的给予读者以最直观的学习方法，教会大家如何操作数码单反，如何培养自己的审美，如何让作品更加具有艺术气息。"从大处着眼，从小处入手"，切切实实能让初学者拍出好照片。

　　不止是摄影，待人接物更是如此，作者是这么说的，也是这么做的，更是这样要求学生的。初学者要明确自己的拍摄目的，找准道路，用对方法，并为之不懈努力，发挥想象力不断去创新，才能收获成功！

　　几千万摄影人在摄影的山海间登攀遨游，需要有人来铺设一些缆索和浮标。

　　一个年近六旬的老者，白天站在三尺讲桌前，为摄影慷慨激昂，晚间用粗大的手指在键盘上敲击，"想为摄影再做点什么"，是作者的愿望。摄影需要这样的奉献者，中国的数码摄影事业需要这样的专家学者。

中国数码摄影家协会主席　李济山

前言

　　风景摄影这本书设定的读者群是那些已经入门并且急于提高自己的摄影爱好者，这也给我在撰写这本书的时候增加了一定的难度，怎么能让这些"半成手"既看得明白又不感到乏味，确确实实得到一些指导和启发，帮助他们在风光摄影这个领域来一次质的飞跃，同时，还要培养出他们自身的拍摄风格，我着实为这个问题苦恼了很久。

　　首先，在文字风格上我做出了一定的改变。有了前几本书打下的基础，这本书开始，可以尝试使用一些专业术语了，毕竟，谁也不想总做一个门外汉，了解和掌握一些专业术语对于摄影爱好者提升自己的水平都是有好处的。只有专业术语的书未免显得枯燥，考虑到爱好风景摄影的人都是有一定审美素养和人生阅历的朋友，我在这本书中开始尝试和读者做出一些交流，关于摄影、关于美、关于人生、关于我们如何看待这个世界，等等。

　　我借用了孙子和老子的一些思想观念，将其带入到摄影之中，尝试从一个观察者到一个思考者，我们为什么要拍摄风景，在风景之中蕴含着什么，摄影人到底是记录者还是创造者，我们在拍摄时所感受到的仅仅是风景吗？在这广袤宇宙之中，在这时间长河之中，停留在照片上的这一瞬间真的能够成为永恒吗？我们在拍摄，更是在欣赏；我们在观看，更是在感受。在这本书中，我与你们不是作者与读者的关系，我们更像是从未曾谋面却似认识许久的朋友，我希望你们了解我的内心，了解自己的内心，将二者融合，重新审视和认识这个世界。

　　其次，我们要谈一谈这本书中的照片。书中所用的照片是由不同的人用不同的相机拍摄的，有我拍的，也有我的朋友拍的，所用的相机也大相迳庭，从相对专业的全画幅数码单反相机到傻瓜机一应俱全，覆盖面极广，我想告诉读者是跳出工具局限的时候了，摄影人不应该做工具的奴隶，我们是操纵者，我们是取景框这头的上帝，在你拍摄时，世界该是什么样子由你做主，摄影人要有自己的思想和主张。

　　采用不同人的照片还有一个目的，就是让读者接触到更多的拍摄风格，人外有人天外有天，在摄影这条路上，你永远不能停止学习，别人的照片总能给你以启发和灵感，当然，更不能一味模仿，要在学习的基础上进行创新，挖掘出你自己的潜力，开创出与众不同独树一帜的摄影风格。

　　这本书一共分四章，"寻道"、"问天"、"勘地"和"索法"，分别从拍摄角度、拍摄时间和自然环境、拍摄地点以及具体操作方法解读了风景摄影。

李健瑶

导读

在所有摄影类别中，风景摄影是包含门类最繁杂、覆盖面最广、涉及操作技巧最多的一门，如果说新闻类摄影与拍摄时机息息相关、商业摄影离不开后期团队、人物摄影成功的一半因素在于模特，那么，风景类题材摄影的重心就是手持相机的摄影人自身，拍摄者到哪里取景、如何观察风景进行构图、怎样操作相机，这些都是风景摄影作品成功与否的关键因素。本书就是从摄影人自身出发，从拍摄环境、拍摄器材、操作技巧和后期处理等各个方面引导拍摄者去寻找风景、记录风景甚至创造风景。

风景摄影操作密码这本书的几大特色：

1. 以人为本，从拍摄者的角度去答疑解难，而非以师者的姿态笼统指点。

2. 从取景、构图、景深和曝光等基础出发，结合不同拍摄环境深入分析解读，帮助读者逐步提升。

3. 不局限于 C 派或 N 派摄影，书中所述的拍摄方法基本上适用于任何一款单反数码相机。

4. 言语优美，可读性高，这本书并非单纯的技术类工具书，作者对风景的理解没有局限在摄影中，而是融合诗歌、绘画等多种艺术门类进行深入探讨，让读者在阅读学习的过程中得到更多乐趣。

5. 图文并茂，每一篇拍摄技巧后都有与之呼应的图片进行实例解读，帮助摄影人更好地理解文字内容。

6. 书中照片并非一人所摄，而是结合多家所长，融汇不同拍摄风格在其中，为读者提供更多拍摄参考。

7. 针对不同拍摄地点和拍摄对象一一作出对应的详细讲解，从草原到沙漠、从山地到平原、从城市到乡村、从江畔到海边，大至全景拍摄群山，小至微距捕捉花草，本书都巨细无遗地提出了拍摄方法和注意事项，方便读者有针对性的阅读。

8. 即使是针对同一处风景，也可以有多种不同的拍摄方式，这本书为风景摄影爱好者提出了更多可能性，开拓了读者的创作思维。

9. 专门讲解了在大雾、雷雨等恶劣天气和夜间如何拍摄，帮助摄影人克服自然环境中的困难。

10. 书中包含了如小清新摄影、移轴摄影、街拍和 LOMO 风格等时下最流行的摄影风格，并对如何拍摄和制作这些风格的照片做出了解说与指导。

11. 本书提倡通过后期处理技术提升风景照片的艺术性，并在相应章节做出了详细指导。

12. 书中为摄影人推荐了一些型号较新、适合拍摄风景照片的单反数码相机和镜头，并列举了这些相机和镜头的优势与特点。

导读提示：

这是一本在入门基础上的提高书，书中不包含对相机操作菜单和功能选项的详细说明，适合有一定摄影基础的人阅读。

目录

XUN DAO

第一章 CHAPTER ONE

問天 WEN TIAN

第二章 CHAPTER TWO

勘地 KAN DI

第三章 CHAPTER THREE

索法 SUO FA

第四章 CHAPTER FOUR

"道生一，一生二，二生三，三生万物。"

——老子 《道德经》

　　道，是万物得以产生的根本原因，是宇宙的本质与规律，若想认识与掌握事物，必须先要了解事物的本质，清楚其发展规律。学习摄影也是这个道理，我们要了解摄影的本质，这本书讲的是风景摄影，那么就要知道何为风景，风景有哪些种，对于不同的风景摄影人拍摄的出发点是什么，镜头、构图、用光以及拍摄时机上的区别等等，从方方面面了解风景摄影的本质，这些即是摄影之道，寻道，就是研究与学习它们。道，也为方式方法，从这个意义上出发，寻道，又是学习和掌握风景摄影在操作上的技巧。

　　大道甚夷，而民好径，寻道寻的是前人的经验，通俗的未必就是不好的，多数人采用的方法必定有其优势，而听起来简单的道理操作起来未必有多容易，寻道的人需在这条"大道"上反复实践，在这个过程中，很可能就另辟出一条蹊径。

　　道有很多条，条条通罗马，只要你肯走下去。

何谓风景摄影

风景摄影，顾名思义即是以风景为切入点，着重展现自然风景之美的原创摄影作品。风景摄影包含自然景色、城市建筑等多个类别，涉及领域广泛，极易入门但同时也难能出佳作，因而受到摄影人的格外青睐。人类历史上第一张永久性摄影作品就是 1826 年法国人埃普斯拍摄的他家窗外的景色《鸽子窝》，可以说，风景摄影缘来已久。

好的风景摄影作品不止是记录风景，更是创造风景，是摄影人对美的领悟和重现。一张成功的照片展现在观者眼前，不仅要带来视觉上的冲击，更要愉悦其感官心灵，可以说，风景摄影缩小了人与世界的距离，扩大了人对世界的认知，它将你未曾经历过的风景带到眼前，而推开这扇窗的关键，便是摄影人的镜头和寻找美的灵魂。

大自然的每一个领域都是美妙绝伦的，你来，或者去，风景就在那里，不离不弃。中国有 8 000 万人在拍摄风景，最终成功的可能连 8 000 都不到，但成败只是人言，最好的风景已经留在你心中。与其说风景摄影是一门摄影类别，莫不如称其为人生的一个过程，放归山野，即是自由。

你不能不知道的风景摄影

风景是什么？风景摄影中的风景不单单指山川河流、原野莽林，花草树木、建筑、云雾甚至透过树叶间隙撒下的一束光，或者路边不起眼的一粒石子都是风景，风景不分大小，只由意境判断。风景还可以是植物的脉络、水面的反光，一些线条或杂乱无意义的几何形状，在经过电脑数码后期再创作后，呈现出具有现代美感的画面韵味，只要能让观者产生一定的心理共鸣，那么，它也可以成为风景。简言之，风景就是天地万物，人也是其中之一，有些摄影人在拍摄风景照片时习惯将人排除在外，其实大可不必如此，很多风景佳作就是因为有人类活动的痕迹，才为其注入了灵魂。注意，人物虽是画面的视觉重心，但比例不宜过大，往往人物越小越能衬托出风景的壮阔。

拍摄技巧小提示

一张佳作胜过多张平庸之作。专心守在一个景点等待风景的变化，从不同角度拍摄，更换镜头改变视野，尝试不同拍摄方法，让一处风景展现出多重魅力要比漫山遍野地跑来跑去更易获得成功。

《情不自禁》 摄影 何晓彦

拍摄数据：相机 尼康 D300　焦距 46mm　速度 1/1 000 秒　光圈 6.3　感光度 ISO1 600　白平衡 自动

　　只要是摄影人眼睛看得到的同时心有感触的都是风景，何时何地并不重要，重要的是拍摄的人。日出时分，在茫茫草原上，在一棵树前，忽然感受到了自然的伟大与生命的无限可能，忍不住要振臂高呼，忍不住要泪流满面，这便是平凡风景中的不平凡，此刻，拍摄已不重要，惟有手舞足蹈，惟有大声呐喊，才能宣泄内心奔涌翻腾的激情。这时的你，是欣赏风景的人，也是风景中的一部分。

　　这张照片并没有追求层次细节或者宏大的场面，而是用剪影的方式呈现出一种意境，感光度高点没有关系，有些噪点也无伤大雅，拍摄风景，重要的是照片的韵味，是让观者在欣赏时对画面中的风景感同身受。此刻，风景已留在你心中，足矣。

前人之道
—— 风景摄影的它山之石

　　学习摄影不能闭目塞听，要多走，更要多看，尺有所短，寸有所长，从别人的构图和拍摄角度中，你总能得到一些启发，见贤思齐，择善而从。摄影人要记住，很多时候，模仿是创作的第一步。下面，为大家列举一些风景摄影中的佳作和拍摄方法，让你在欣赏的过程中去了解什么是风景，以及如何拍摄风景。

风景，是用广角镜头拍摄朗朗乾坤

广角镜头一般用于拍摄广阔苍茫的原野和连绵起伏的群山，身处这样的风景之中，就像身临一场宏大的交响乐音乐会现场，你就是指挥家，音起音落、曲诉何方，全看你如何帷幄。

钟情于自然风景的摄影人，大多喜爱用广角镜头拍摄大场面的风光，惟有如此，才能倾诉心中的那份豪迈之情。这张照片便是用广角镜头拍摄，18mm 的焦距恰到好处，纳入风景亦不会造成画面的变形，将地平线放到画面下 1/3 处，降低曝光补偿，天空中浮云流动的形态预示着世事无常，人生若尘露，天道邈悠悠。几匹悠闲自得的野马是照片的点睛之笔，若没有它们，这张照片便缺乏了生命力，观者的视线在画面中也找不到落点。许是足够的幸运，马的姿态也别有一番意味，三两相聚，一匹离群，恰好寂寞。看着这几匹野马，难道，你没有心生美慕之情吗？

《畅寥廓》 摄影 张广慧

拍摄数据：相机 尼康 D80 焦距 18mm
速度 1/400 秒 光圈 8 感光度 ISO100 曝光补偿 −0.33

风景，是色彩的协调与统一

在数码摄影时代，色彩，是你的照片吸引人的重要条件之一。

《人间仙境》 摄影 刘成华

拍摄数据：相机 尼康 D300   速度 1/160 秒   光圈 11   感光度 ISO200   白平衡 手动   曝光补偿 −0.33

这是一张赏心悦目的照片，风景摄影首先要做到的就是让人看着舒服，话虽说得简单，但要做到却有一定难度。人在进行审美活动时都有一个微妙的心理平衡，稍有偏差便会产生截然不同的效果，摄影人要做的就是在拍摄时揣摩这种平衡感，从拍摄对象、拍摄角度、曝光、构图等各个方面控制画面，我们评断一张照片的优劣，其实就是在评价拍摄者对画面的控制。

这张照片胜在色彩构成与构图，照片中景物的色彩饱和度极高，对比强烈，色调突出，层次、影调分明，这与风景本身有密切关系，但更多的在于拍摄者对曝光的把握。在构图上，我们可以清晰地看出月亮湾的月牙形状，拍摄主题一目了然。摄影人以树木作为前景，亦将其作为远景，前景与远景的连续性让照片的色彩过渡更加自然，画面更加饱满。

拍摄这种要求远近景都清晰的风景照片，使用小光圈加大景深是必然的，小光圈会减少镜头的进光量，拍摄时要适当延长曝光时间或提高相机的 ISO 感光度。

风景，是意外的视角和夸张的画面效果

照片，可以如实地反映这个世界，也可以将其完全颠覆。我们为什么要用镜头观察景物，因为在镜头中，你可以看到一个不一样的世界。

《白桦林》 摄影 张桂香

拍摄数据：相机 尼康 D700　焦距 14mm　速度 1/4 000 秒　光圈 8　感光度 ISO2 000　曝光补偿 −0.33

在我眼中，一年四季中，秋天是最好的季节，它是丰收的季节，也是衰败的季节；它是喜悦的季节，也是寂寞的季节；它有温暖的色调，又有清冷的情怀；在它之前是盛夏的繁华，在它之后是严冬的孤寂。秋天有饱和的色调，它是一幅天然的油画。

这是一张极具视觉冲击力的照片，因为拍摄者使用了超广角镜头，低角度仰拍，强调了照片的透视效果，将拍摄对象放到画面正前方，加深了照片的纵深感。强调画面纵深感的不止是超广角镜头带来的视觉效果，照片中的白桦树更是帮助构图的线条，拍摄者同时注意到的还有树的倒影，并利用这些倒影使画面更加平衡、稳定。倾斜放置的地平线让照片看起来更加生动。

使用超广角镜头进行拍摄时，摄影人可手持相机尽量靠近被摄主体，你离被摄体越近，照片呈现出来的戏剧效果就越强烈。

风景，是山水间的宁静与禅意

摄影与书法、绘画是一脉相通的，都可以修身养性、陶冶情操，风景摄影更是如此。

《潭影空人心》 摄影 于晓虹

拍摄数据：相机 尼康 D90 焦距 18mm 速度 1/15 秒 光圈 16 感光度 ISO200 曝光补偿 0.33

风景中有画意，更有诗情，"山光悦鸟性，潭影空人心"，有些风景照片就是有让人静下来的魅力。看着这张照片中的景色，心中不由升起一种天地在此静驻的感觉，仿佛时间路过这里，也要忍不住停下片刻，轻轻吐出一声叹息。我忍不住去猜测，拍摄者一定是位娴静的女子，举止优雅，神情淡然，在她的镜头中，没有焦虑，没有躁动，没有恐惧，也不会有彷徨，甚至没有世俗的欲望，只有平静与温和，无声地看着这个世界。

在拍摄技巧上，摄影人利用水中的倒影进行构图，将画面一分为二，形成完全对称的两部分。这种方法是风景摄影中常用的拍摄手法，可以让照片更加均衡、稳定，同时也丰富了画面内容。整体而言，照片曝光准确，焦点清晰，可见拍摄者的基本功相当不错。

构图上方的天空略显空荡，可以稍作剪裁进行调整。

风景，是随时随地可以停下的休息与欣赏

也许只是旅途中不经意的一瞥，风景便在此刻凝固。

《横头山美景》 摄影 杨惠兰

拍摄数据：相机 索尼 NEX-5C 焦距 34mm 速度 1/500 秒 光圈 5 感光度 ISO200 曝光补偿 −0.7

从构图上来看，这张拍摄秋景的照片分成了三部分，天空、枫林和画面左下方的公路，这种构图方法让画面看起来更加均衡，也更具层次感；画面上有两条弧形的线条向同一方向汇聚，避免构图过于呆板，同时增强了照片的纵深感。从色彩上来看，这张照片要表现的重点无疑是画面中央那棵火红的枫树，在拍摄红叶的作品中，很多照片都是因为色调偏暖、色彩过重而丢失了层次和细节，这张照片的拍摄者在画面中加入了除红、黄 2 色以外的其他颜色，反而突出了拍摄重点，让照片的层次更为丰富。

山林中的风景是寂静的，往往更是寂寞的，画面下方那几个拍照的游客打破了这种寂静，为照片增添了一份生机与活力。

拍摄秋天的枫叶时，准确的曝光组合是保证色彩真实还原的前提，一般情况下降低一些曝光补偿可以让画面中的红色更加深沉。午后拍摄时，若天空中云层变化较为丰富或构图中出现霞光，可以尝试使用相机的"正负逆冲"功能，让你的照片色彩更加梦幻。

风景，是自然的慷慨与馈赠

我们往往会被雄浑壮阔的景观所吸引，正是这些风景提醒着我们身处的这颗星球是何等的神奇与美丽。

《人与自然 尼亚加拉大瀑布》 摄影 夏耀轩

拍摄数据：相机 佳能 5D II 焦距 24mm 速度 1/125 秒 光圈 8 感光度 ISO100 白平衡 自动

又是一张用广角端拍摄的照片，宏大的气势在瞬间抓住了观者的目光，看着这张照片，仿佛瀑布奔腾咆哮的怒吼就在耳边响起。在这张风景照片中，拍摄者要表现的是风景的动势，升腾的水雾，翻滚的水流，时间在此刻被快门凝固，而在观者眼中，时间依旧在画面中流淌。

拍摄瀑布，角度的选择很重要，或者是站在距离水流极近的地方观察细节，或者是找一处较高的地点拍摄全景。这张照片的拍摄者选择了后者，并且巧妙地利用了画面中的其他景物进行构图，观者可以看到，照片上有很多游客的身影，正是这三两相聚的人群凸显出场面的宏大。摄影爱好者在拍摄风景照片时应该学习和借鉴这点。我们都知道，对比是构图时常用的手法，除了色彩和影调上的比较，动静、虚实、比例以及拍摄对象的选择等等，都是可以用来增强照片立意的对比方式。

风景，是居高临下的自省与反思

在风景摄影中，站得更高，才能看得更清，想得更多。

《大庆湿地》 摄影 何晓彦

拍摄数据：相机 尼康 D300 焦距 18mm 速度 1/320 秒 光圈 9 感光度 ISO200 白平衡 自动

　　这张照片不仅使用了广角镜头，更采用了俯拍的角度，于是，场景被无限扩大了。我们看到，拍摄者在构图时舍弃了天空，用色彩对比强烈的湿地和江水布满整个画面，地平线在看不见的地方延伸着，脑海中的世界也跟着一起延伸。18mm 的焦距在可接受范围内，但是，画面还是有轻微的变形，构图下方的弧形建筑很好地均衡了这点，让观者的视觉产生错觉，以为风景本该如此。

　　想象一下，如果你是画面中站在桥上的一员，你手里拿着一台配备标准镜头的普通相机，你看到的不过是波光粼粼的江水和大片的草甸，你也不会知道，在你的头顶有一个人正拿着相机，将你纳入他的镜头之中，而你，在别人的镜头中，不过是蝼蚁一样的存在，这样想来，心中难免遗憾与沮丧啊。

　　而站在高处的那个人，正因为广角镜头带给他的唯我独尊的"自大"而洋洋得意，人啊。

风景，是利用镜头中的景物作画

　　构图，就是对镜头中的景物的安排，合理地安置画面中的元素，使其协调统一，相互作用，才能让你的照片更有味道。

　　拍摄数据：相机 佳能 50D　焦距 20mm　速度 1/30 秒　光圈 22　感光度 ISO800　曝光补偿 −0.5

　　很多时候，冷调的照片是不讨喜的，温暖的色彩更易引起人们的感情共鸣，而冷调是平静且肃穆的，它是理性的表现，在褪去了激情后，我们对拍摄手法和构图的要求更加严苛。

　　拍摄大场景的风景照片，横幅比竖幅更具优势，它可以展现的内容更加广阔，同时，也符合人们对周边环境的观察习惯，让照片看起来更加顺眼；而从画面表现力来说，横幅的照片也更具震撼性。如上图这种大场景、超视角的风景照片，单单使用广角镜头拍摄是不够的，还要经过全景拼接或后期剪裁才能得到。

《龙腾晨光》 摄影 李桂琼

　　从构图上来看，这张照片画面广阔而不杂乱，被群山包围的湖泊是拍摄重点。为了突出被摄主体，拍摄者将照片的上下边缘各自裁掉了一些，利用环境形成天然的画框。在色彩的洗练上，绿色、蓝色与青色的搭配让照片看起来幽静而和谐，在周边景物的映衬下，倒映着天空的湖面显得更加清澈、通透。从拍摄技巧上来看，摄影人使用小光圈＋慢速度的组合，保证了远近景的清晰和曝光的准确，照片焦点清晰，是难得的佳作。

　　水中的倒影是这张照片的拍摄重点，亦是点睛之笔，它丰富了照片的内容与色彩，让构图更加均衡、和谐，虽然照片中看不到群山的全貌，但是倒影让我们对它展开了联想，这让照片的意境更加深远。

风景，是人与自然的和谐统一

人与自然的和谐统一，不仅指照片中的风景与人，更是指拍摄者与景物的互动相通。

《胡杨公主》摄影 苗松石

拍摄数据：相机 尼康 D300 焦距 40mm 速度 1/200 秒 光圈 9 感光度 ISO200 曝光补偿 −1

这是一张人文风景照片，画面影调细腻柔和、色彩饱和，主体明确，无论是从拍摄对象还是构图上来讲，都十分养眼。胡杨公主，照片中的女孩无疑是拍摄重点，从色彩上来讲，白色的衣衫与周边环境形成鲜明对比，这让被摄主体一下子从画面上跳跃出来，抓住了观者的全部视线，但是，这种对比却不突兀，因为阳光的渲染让整个画面呈现出一种温暖的色调，女孩与胡杨林很好地融合在一起，表现出人与自然的和谐氛围。

再来看这张照片的取景和构图，近景、中景、远景都十分清晰，女孩藏匿在树林之中，仿佛就要越走越远，消失不见，窈窕的背影让人产生无限联想，从这点上来看，拍摄背影无疑要比正面拍摄更加讨喜。侧光拍摄，斑驳的树影丰富了画面的影调与层次，增强了作品的美感，赋予了其诗意。

风景，是走到尘世之外去拍摄

摄影人应该每隔一段时间做一个离群索居的人，像梭罗那样，远离人群，静静思考。

《天池丽景》 摄影 董斌

拍摄数据：相机 尼康 D90 焦距 18mm 速度 1/800 秒 光圈 10 感光度 ISO500 曝光补偿 -1

　　高山湖泊一定是这世界上最美的景观之一，我认为，这是距离天堂最近的地方，从神的指间漏下的甘露凝聚成了清澈的湖水，投身到这样清澈的湖水中，必然能洗净灵魂，重返伊甸园。

　　长白山天池是世界上海拔最高的火山口湖，冰雪覆盖长达 7 个月之久，这里，是拍摄高山雪景的上选地点。因为没有任何污染，这里的湖水好像一面镜子如实地倒映着天空的景观，因而，日出日落时是拍摄天池的最佳时间，但是，这并非意味着其他时候不能拍摄，就如这张照片，没有一丝云彩的天空倒映在湖面上，反而显得画面更加干净、透彻，虽然有些空旷，但这空旷更增添了画面的寂寥之意，当真是高处不胜寒啊。

　　群山环抱着湖泊形成天然的画框，画面下方山石的粗砺与丝绸般的湖面形成鲜明的对比，画面质感强烈。

风景，是寂寞的季节和寂寞的人

人，是以个体为单位的生物，在多数时候，我们都是孤独的，所以，寂寞的风景更能引起人们的情感共鸣。

《金色的黄昏》 摄影 任立英

拍摄数据：相机 佳能 T1i 焦距 55mm 速度 1/250 秒 光圈 7.1 感光度 ISO100 曝光补偿 −1

明明是"金色的黄昏"，却让人感觉分外寂寞，照片的色调是偏暖的，但是情感基调却是偏冷的，我们来看一下，为什么会有这样的画面效果呢？

首先，这是在阴天拍摄的一张照片，这种天气中的散射光可以营造出一种细腻的画面质感，照片的影调和细节也更加丰富，这一点，我们在这张照片中就可以看得出来。在这种天气下拍摄固然有它的优势，但也有缺陷，照片上黯淡、阴沉的天空就是这种天气下拍摄的遗憾，也是造成画面中整体感觉压抑、寂寥的主要原因。

再来，我们看一下画面中的拍摄对象，秋天叶子落尽的树木、青黄不接的干草地、两张座椅、一对行人，照片上的元素明确地反映出拍摄时间是在深秋时节，展开联想，人们自然会想到晚秋的寂寥，即使是金色的黄昏，也难免寒冷。注意构图，因为一对行人在远景中，比例上的缩小更显得场景的空旷。

风景，是曝光凝固住的瞬间和永恒

摄影，就是曝光，一次曝光让瞬间变成永恒，二次曝光让永恒变成回忆。一张照片上可以有一个主角，也可以有多个主角。

《寂静的海岛》 摄影 李胜利

拍摄数据：相机 尼康 D90 焦距 200mm 速度 1/160 秒 光圈 11 感光度 ISO200 白平衡 自动

这是一张通过二次曝光得到的照片，画面整体感觉阴冷、寂寥，寂静的海岛上依稀可见低矮的房屋，让人不免联想到海岛生活是何等的孤独，在茫茫宇宙中，一个人、一颗星球、一粒尘埃，都是独自漂泊的一座孤岛。

很多人在拍摄月亮时都会遇到这样一个问题，画面上的月亮比看到的小很多，有时甚至就是一个白色的斑点，这是因为你在拍摄时用到了广角端，而那个白色的斑点则是由曝光过度造成的。想要拍摄一张月景清晰的大场面风光照片，除了要使用到长焦镜头，还要利用相机的二次曝光功能。拍摄时，首先对拍摄场景进行第一次曝光，然后对月亮进行第二次曝光，为了能让月亮更加清晰，要适当减少曝光补偿，减慢快门速度，这个时候，要尽量使用三脚架帮助拍摄。

风景，是对眼前风景的取舍与安排

　　很多时候，原本平淡无奇的风景，因为你的选择会变得与众不同，独特的观察视角与审美品位，是摄影人必须具有的品质。

《霞光普照》 摄影 张玉田

　　拍摄数据：相机 尼康 D80 焦距 200mm 速度 1/400 秒 光圈 8 感光度 ISO100 曝光补偿 -1.33

　　这是一张影调非常细腻的照片，拍摄者对曝光的控制和对场景的抓取无可挑剔。画面中的光影层次呈现出一种梦幻的质感，正是这种虚幻的特质丰富了画面的层次与色彩。照片的色彩与影调都过渡得非常自然，根据三分法衍变的构图比例以及清晰的画面层次，让这张照片欣赏起来回味无穷。

　　用长焦端拍摄小景容易，拍摄大场面的风景照片却有一定难度。首先，摄影人要有丰富的拍摄经验，有预测性地对场景进行抓取选择；使用长焦镜头拍摄远景时，容易出现跑焦现象，焦点的放置十分重要，手动调节自动对焦点是拍摄时的最佳选择；因为镜头对相机的抖动极为敏感，所以在拍摄时应尽量使用高速快门，焦距 200mm 快门速度至少要在 1/250 秒以上；使用长焦镜头时，被摄体最好选择一些反差较大、色彩饱和度较高的景物。

风景，是回味无穷与琢磨不透

一目了然、主体明确的照片是好的，但更好的，是让人反复琢磨、回味无穷。

《高原牧歌》 摄影 张玉田

拍摄数据：相机 尼康 D800 焦距 44mm 速度 1/800 秒 光圈 8 感光度 ISO100 曝光补偿 −1.67

这张照片构图工整、均衡，遵循三分法原则，具有学院派特色，值得回味。大景深的运用，让前景与远山都十分清晰。拍摄者降低了曝光补偿，保证了画面的质感与层次细节，注意画面中的影调过渡，这是这张照片的出色之处。

远处的蓝天白云衬托连绵起伏的山脉，形成色彩与明暗上的对比；近处，大片的云彩在地面上投射出的影子压暗了画面下方的风景，不止起到了平衡画面的作用，更与中景形成明暗上的对比。

乍看这张照片，你会以为远山是拍摄重点，注意题目《高原牧歌》，牧歌，才是这张照片所要表现的主题。画面中被阳光打亮的那一片原野上，依稀可以看到牛羊的影子。

风景，是对四季的领悟与赞美

拍摄风景，无外乎拍摄春夏秋冬，季节分明的景色可以给人带来更多的联想。

拍摄数据：相机 尼康 D800 焦距 17mm 速度 1/160 秒 光圈 14 感光度 ISO100 白平衡 手动

通常情况下，拍摄雪景要求构图简洁，有明确的主题，用线条和光影强调画面质感，利用被白雪覆盖的环境突出被摄主体，因而，拍摄雪景的作品多为小品和特写。像上图这样利用广角镜头拍摄全景，并且，通过后期剪裁形成超视角画面的冰雪照片并不多见，因而，也就使其从众多冰雪照片中脱颖而出，大场面的风景照片总是比一般风景照要来得讨喜。

《北国风光》 摄影 李英

　　首先要指出一点，这张照片的拍摄主题是北国风光，在这方面，照片立意符合了，但是，场景稍显杂乱，画面中没有明确的拍摄主体，也就是说没有重点，无法一下子抓住观者的视线。照片的出色之处在于构图工整、平稳、焦点清晰，曝光准确，要知道，拍摄雪景最难做到的就是准确曝光。画面中的树木与白雪形成鲜明对比，视觉冲击力强烈。放置在画面下方的积雪是很好的前景，可以增强照片的空间感与纵深感。

　　拍摄雪景时，降低相机的白平衡数值，可以让照片看起来偏蓝色，让画面更加纯净，增强冬季的寒冷氛围。那么，如何降低相机的白平衡数值呢？使用相机的手动白平衡功能，将数值设置在 4 500k~5 300k 之间即可。

风景，是远方的风景，更是旅途中的停留

远方的风景是让人向往的，而路边的风景，则是让人回味的。

《远方》 摄影 李桂琼

拍摄数据：相机 佳能 50D　焦距 40mm　速度 1/250 秒　光圈 11　感光度 ISO160　曝光补偿 -0.5

这张照片胜在取景和构图上，拍摄者采用了对角线构图法，将近景与远景一分为二，形成鲜明的对比：近景清晰，远景稍显模糊；近景色彩艳丽，色调饱满，趋于暖调，远景则趋于冷调，突出雪山的特点；近景画面质感强烈，远景过渡平滑。这种种对比，形成了强烈的视觉冲击力，一下子便抓住了观者的全部目光。

作为一张公路风景照片，画面中 S 型的道路不仅是一条很好的引导线，更增强了照片的空间感与层次感，这条公路将近景与远景联系起来，它通向远方，通向那藏在云雾之后的群山，画面右下方的汽车加深了这种联想。

风景，是天与地，和二者之间的一切

在风景摄影中，或者有天，或者有地，若无二者，便不成风景，这是风景摄影与其他摄影类别最大的区别。

《天似穹庐，笼盖四野》 摄影 张广慧

拍摄数据：相机 尼康 D80 焦距 18mm 速度 1/640 秒 光圈 8 感光度 ISO100 曝光补偿 −0.33

又是一张用广角端拍摄的照片，仿佛站在原野上，如果不用广角就无法昭示天地之大，从某一方面来讲，确实如此，我们站在草原上看到的壮阔风景，远非这张照片所能呈现的，在这样的天地间站立过，若不尽自己最大可能描述其豪情，似乎辜负了自然的馈赠，似乎枉为走过一遭。

愿在荒野上，做天地间的一滴水，饮尽此生。

天似穹庐，笼盖四野。这样的风景中，若没有云，没有天，便称不上博大雄浑，使用滤镜，降低感光度，减少曝光补偿，我们所做的一切，都是为了让长空如一色苍璧破画面而出。需注意的是，不能一味拍摄天空而忽略大地，在这张照片上，尽管地平线压到了画面下 1/5 处，草原上光影的明暗变化还是为作品增色不少。

风景，是不经意间的一瞥和恰到好处的停留

很多时候，风景不需要你刻意去寻找，它与摄影人之间存在着一种缘分，偶遇的风景往往是最好的风景。

《晚霞映红叶》
摄影 李胜利
拍摄数据：相机尼康 D90 焦距 52mm 速度 1/200 秒 光圈 8 感光度 ISO400 白平衡 手动

光影控制得非常出色的一张照片，散射的光线穿透树林的间隙打在拍摄主体上，点亮了主体，更让画面呈现出一种柔和的光彩；光线不仅打在了枫叶上，更打在了河面与裸露的石块上，石头的反光增强了画面质感。对拍摄场景的正确曝光是风景摄影作品成功的必要条件。很多时候虽然 景色不够美，你按下快门的时机也刚刚好，只是因为曝光的失误，便造成了你的遗憾。

除了对色彩的提炼、组合，这张照片还运用了虚实结合的拍摄手法，画面上方的红色是实景，也是拍摄主体；画面下方水中的倒影与之呼应，是虚景。这种虚实结合的拍摄方式平衡了画面，增强了照片的意境，让风景变得回味无穷。

风景，是旅途中的遐想，更是旅途本身

有时，你是因为拍摄才踏上一段旅途；更多时候，则是因为身在途中，才学会了拍摄。

《家族的旅行》摄影 张山

拍摄数据：相机 索尼 NEX-5 焦距 34mm 速度 1/200 秒 光圈 9 感光度 ISO200 曝光补偿 -0.7

这张照片的题目很有意思，《家族的旅行》，结合照片的内容，不免让人猜测，这里的"家族"，究竟是指摄影人的家族，还是指画面中那庞大的家族？这里的"旅行"，究竟是指拍摄者的旅行，还是指牧民的迁徙？风景照片的题目，要比你想象中的重要得多，很多时候，一张原本主题并不清晰的照片，会因为题目，变得意境深远起来；符合题目立意的风景照片，也更容易引起观者的情感共鸣。

这张照片画面紧凑、丰富，色彩对比鲜明而自然，打破了一般构图的沉闷。画面下方的牧群是拍摄重点，不仅为照片增添了生机与活力，更平衡了画面，使照片不至于因为山峦所占空间过大而显得头重脚轻。这张风景照片极具感染力，让观者不免产生旅行的冲动，细细想来，这便是画面中所隐藏的第三种"旅行"吧。

风景摄影中的时间
—— 我生须臾在朝夕

电影《日落之后》的主角说过这样一句话：世界上有两种人，一种喜欢看日落，一种不喜欢。喜欢看日出日落的人，都是耐得住寂寞的人，他们可以用一生的等待去换刹那繁华，只为满足骨子里那无可救药的浪漫主义，摄影人无疑是其中佼佼者。

摄影是一门关于光与影的艺术，风景摄影较其他摄影类别更依赖于自然光线，而大自然中尤以日出日落两个时辰的光线最为色彩丰富变幻莫测，因而又称为风景摄影的最佳时刻。在这两个时间段中，光波通过地球表面大气层较厚，太阳光色温低，波长较短的蓝光被吸收，光色偏近于橙红、金黄，色调温暖动人，沐浴在这种光色下的景物格外婀娜旖旎，红花胜火微云似锦，如诗如画；同时，较低的光照位置使被摄主体的轮廓分明，更具立体感，被拉成变形的影子使画面语言更为生动；清晨和傍晚也是雾气最重的时候，薄雾不仅营造了虚无缥缈烟波钓徒的朦胧神秘感，在很大程度上还可以柔化逆光拍摄的阴影部分。

关于日出日落，大自然已经为你准备好了一切，那么摄影人在拍摄时应该把握好哪些技巧才能不辜负这一番美意呢？

日出日落拍摄技巧

1. 最佳季节。春季和秋季是拍摄日出日落的最佳季节，这两季日出晚、日落早，在时间上利于拍摄准备，并且云层较多，可增加拍摄效果。云是拍摄日出日落时不可或缺的画面元素，作为自然界中的反光物体，它能传播太阳红光，不断变化的形态也给了创作更多灵感。

2. 选择侧光位和逆光位拍摄，可以更好地利用光照位置和阳光的特性，勾画出景物的轮廓。太阳东升西落，摄影人要计算出光照位置，预先安排好机位，选择合适的前景，等待最佳时机。记住，太阳不是主角，前景才是构图的关键。

3. 使用长焦镜头。在标准 35mm 画面上，太阳是焦距的 1/100，使用 200mm 的镜头，太阳大小为 2mm；400mm 的镜头，太阳大小则为 4mm，镜头焦距越长，则太阳作为拍摄主题越突出。摄影人需注意，此时光线较弱，长焦镜头拍摄要用三脚架支撑才能在慢速快门下保证照片清晰度。

4. 拍摄日出日落时，用小光圈可以减少光斑，还可以使太阳呈现出星状效果，光圈越小，这种效果越明显。雾气较重的情况下用大光圈也别有一番味道。

5. 直接拍摄太阳时的曝光量很难确定，摄影人可以通过多次试验来获得最佳曝光，也可以使用相机的自动包围曝光功能，从明暗不同的几张照片中选择一张效果最满意的。

6. 利用周围环境和其他景物。日出日落并非一定要表现在天空和太阳上，环境的剪影和水面的倒影都可以很好的体现这一主题，我们常说的"水天一色"往往都是拍摄于清晨和傍晚。

7. 最后一点要注意的是，保护你的眼睛，尤其是用长焦镜头直接观察太阳时。

《光晕》 摄影 于庆文

拍摄数据：相机 尼康 D80 焦距 48mm 速度 1/3 200 秒 光圈 8 感光度 ISO200 白平衡 自动

　　看着这张照片，我不禁感到一阵眩晕，初升太阳的光芒如此柔和，而在这柔和中，又似饱含着一丝杀意，巨大的太阳仿佛在逐渐熔化吞噬站在它前方的摄影人，而那个还在专心拍摄的摄影人根本毫无知觉，或许在他半边身子都消融不见时才会后知后觉，天啊，不敢再联想下去，这简直是一部科幻恐怖片。看见日出会有这样联想的人不多，应该说，是太少了，并非我的思想多么悲观消极，而是这张照片的色调给人这样的感觉，低调作品很少能让人积极向上吧，我是这样认为，不然找不到更好的借口，而找不到借口会让我惶恐。

　　无论如何，是一张好片子，即使让人恐惧（仅限于我本人），在构图和曝光控制上也无可挑剔，况且，恐惧不是坏事，至少过目不忘，看完这张片子后，我脑海中很长一段时间都浮现出巨大太阳的阴影。

风景摄影中的季节
—— 四季更迭于心间

春秋满四泽，夏云多奇峰，秋月扬明辉，冬岭秀孤松。自然景观千变万化，风景摄影要抓住其中精髓，应如陶潜诗中所述，着重表现四季分明的特点，顺应季节更替寻找最佳拍摄机会，这就是所谓的 "The Right Place At The Right Time"，在正确的时间处于正确的地点。

受光照角度、天气条件和季节色彩等因素影响，在一年中的某些时候，总有一些地点会展现出其独特的拍摄优势，利用这些优势，决定何时出现在何处，要求摄影人对自然界的生态规律有一定了解，并且善于观察记录，清楚不同季节所呈现出的不同美感。当然，拍摄表现四季的作品不一定非得是特定时间特定地点的风景，针对某一固定地点进行不同时间的记录也是一种很好的选择。

季节的变化是微妙并且有趣的，摄影人可以选择一处标志性景物作为拍摄主体，譬如一棵树、一个小池塘，利用简单的构图分别记录一年中不同时刻的风景，以表现四季更迭。记住，拍摄这种系列照片时要使用同样的相机和镜头，以及在一天的同一时刻进行拍摄，光照角度的不同使景物的影子也能显示出显著的时令特征。

风景摄影中，春夏秋冬在构图、色彩、拍摄对象上的不同选择
春

早春是万物复苏之时，"乱花渐欲迷人眼，浅草才能没马蹄"，花草自然成为拍摄时的主要题材，尤其在北方，冰雪尚未融尽，暖树已冒新芽，嫩黄浅绿的色彩与晶莹剔透的冰雪形成强烈对比，出尘脱俗相映成画。林间烂漫的野花是最早绽放的，因而春季的拍摄地点应尽量选择在林地溪头，利用清晨或傍晚柔和的光线勾画出春天清新的气息。长焦镜头大光圈可以更好地表现出花卉的细腻质感。

夏

夏季是植物最繁茂的季节，风景往往会被大片的绿色覆盖，色调难免单一，过于强烈刺目的光线也使曝光更难控制，但此时自然风景中所表现出的勃勃生机也是其他季节无可取代的。夏季的拍摄对象可以是悠然的田园风光，或广袤的草原风景，或山间的溪流瀑布。夏季雨水充沛，无论是拍摄水景还是雨后小品，都别有一番风味。

接天莲叶无穷碧，映日荷花别样红。盛夏也是拍摄荷花、莲花等水生植物的最好季节，因而公园、庭院等地也成为夏季拍摄的热门地点。

夏季拍摄的最佳时间段是早晚两个时候，利用太阳的位置和阴影打破单调的色彩。如果不能避开正午强烈的阳光，那么就多准备几片滤镜，利用偏振镜或渐变灰镜来调整画面效果。针对强烈的光照造成的较大明

暗反差，拍摄时应尽量选择小光圈和点测光模式。

秋

秋天是一个记录色彩的季节，任何一个摄影人都不会想错过这样斑斓的世界。植物的多样性使秋季呈现出一种饱和的色调，无论在何种天气下拍摄都能表现出一种油画般的质感。在这个季节，晴朗天气出现的几率也远远超过其他季节，而太阳光线相较夏季更为柔和，云层的变化也更加多样，因而拍摄秋季风景时，天空常常会成为不可忽略的主角。当构图中出现大面积天空时，摄影人应尽量对景物进行测光，适当减少曝光量，或使用偏振镜，以确保曝光正确，蓝天白云更为突出。

秋季，在阴天弱光的天气条件下拍摄植物色彩更为饱和，逆光或侧光拍摄可以更好地勾画其轮廓。并非只有漫山遍野枫叶似火才是拍摄的最佳对象，用长焦镜头捕捉一场秋雨过后的枯枝落叶也别有一番滋味。

秋天极易起雾，要注意观察天气变化，若前一晚夜凉似水，第二天艳阳高照，那么出现晨雾的可能性就会大大提高，这时，要趁早出门拍摄，选择一些地势低洼的场所利用薄雾营造奇景氛围。

冬

冬季是拍摄日出最好的时候，因为这个季节中日出的时间较晚，摄影人有充分的时间去构图准备，同时，在阳光照射下，雪地里的阴影会呈现出一种梦幻般的蓝光色调，与红日相映对比强烈，画面感十足。

冬季的拍摄对象除了天地间银装素裹的万丈白雪外，屋檐上的冰凌，寻常人家随处可见的窗花，清晨的树挂和雪地中顽强生存的野草都是很好的创作题材，由于冰雪反光极强，拍摄时需适当增加曝光补偿。

冬季拍摄风景片需克服恶劣的自然条件，还要注意摄影器材的保养，在室内外温差极大的情况下，相机和镜头很容易凝结水汽，摄影人在拍摄完毕后应将相机放入摄影包后再带入室内，1-2个时辰后才可将相机从包中取出。

拍摄技巧小提示

拍摄日落风景时，应对落日上部测光，同时注意不能让太阳出现在你的取景器中。如果你的相机没有点测光功能，使用局部测光也可以，选择一支长焦镜头，将焦距拉到最长来测光就行了。对于那些缺乏耐心等待日落的摄影人，告诉你们一个小秘密，拍摄时将曝光补偿降低一档，可以让你拍摄的落日看上去比实际上晚一小时哦。

摄影中有一种前景虚化构图法，可以帮助强调照片中的被摄主体，增强画面纵深感，拍摄时尽量寻找一个颜色较浅的前景物体，置于画面前面作为"画框"，开大光圈使其虚化。我们也可以贴近墙面或地面拍摄，摄入一部分墙体或地面，将其作为前景加以利用，在靠近地面的位置拍摄时，将前景中的地面虚化，可以增加照片的纵深感。

《西湖边上》 摄影 李继强

拍摄数据：相机 尼康 D200 焦距 38mm 速度 1/200 秒 光圈 7.1 感光度 ISO100 白平衡 自动

　　毫无疑问这是春天，因为只有春天才能将瑰丽的粉与脆嫩的绿结合得如此自然而不艳俗，从画面右侧生长进来的那支榆树梅是整张照片的亮点，一枝红梅入镜来，它打破了绿色的平静悠然，为作品注入了活力。

　　这张照片的拍摄场地就是我所说的适宜四季跟拍的场景，有固定的标志性建筑，有随节气变化的植物，一池碧水倒映着天地丰富了画面，构图下方的长椅道出了等待的意味。看着这张照片不免会去想象，坐在这张长椅上，等着落英缤纷洒满膝头，等着杨柳拂面野鸭戏水，等着一场急雨打破平静，等着鸿雁南飞霜叶报秋，等着雪花纷扬镜台冰封，然后，又是一年春暖花开。

　　其实，很多时候，我们的生活就是一场等待。

风景摄影中的瞬间
—— 二十弹指一罗预

摄影是瞬间的艺术，何谓瞬间，佛语云：一弹指六十刹那，一刹那九百生灭。刹那即是念，二十念为一瞬，瞬间不过刹那芳华，一念心起，万物皆在眨眼之间。

瞬间的艺术，不单单指快门释放的那一刻所记录的影像，更是指风景进入眼中走入心中刻画在脑海中的百转千回，弹指须臾间，摄影人要完成取景、构图、对焦、曝光等一系列操作步骤，这个过程需要摄影人有扎实的功底、丰富的经验和对美的高度敏感，从接受、领悟到重现、创造，在极短的时间内完成所有的这些才可以称之为摄影的"瞬间艺术"。

有人说风景摄影不同于新闻题材或社会人文题材的摄影类别那样讲究一纵即逝的抓拍，风景是静态的是相对永恒的，一次没有拍好还可以再来一次，风景摄影是等待的艺术。此言不假，但就如古希腊哲学家赫拉克利特所说："人不能两次踏入同一条河。"，世界是在不停运动的，自然界中的风景每一秒都是无可复制的，白云苍狗，我们不可能再邂逅同一场雨后初晴，抓住光影的瞬间变化是成就一张风景佳作的决定性因素。

所以说，风景摄影可以等待也必须等待，但是等待不等同于期望一次复制，而是在准备充分的前提下，迎接一场意料之外的挑战，在瞬间，抓住透过云层洒下的阳光，或突如其来的风暴垂下的雨云，凝结这样的影像，才能得到这世上独一无二的只属于你自己的风景。

拍摄技巧小提示

使用长焦镜头进行风景抓拍时，首先要做的就是提高快门速度，200mm 的焦距快门速度不能低于 1/250 秒。将相机设置为快门优先，在画面允许范围内尽量提高感光度。使用闪光灯捕捉动态瞬间也是一种很好的抓拍方式。抓拍的画面背景要干净简洁，否则会造成视觉干扰，分散观者注意力，抢走被摄主体的风采。

摄影史上有很多著名的瞬间，如《时代广场的胜利日》《苦难的眼睛》等，风景摄影的瞬间则以飓风、闪电、野生动物拍摄为主要题材，瞬间极难抓取，而一旦拍摄成功，便可能成为千古流芳的佳作。

很多时侯，我们选择用高速快门凝固运动物体的瞬间，有时也会反其道而行之，用动虚这种方式来表现物体在瞬间的移动状态。选择动虚这种拍摄方法模糊画面色彩时，快门速度设置为 1/2 秒，轻微地移动相机即可，移动时要有一定角度，连续平缓的移动可以得到蜡笔画般的画面效果，而时断时续的快速移动则能让照片呈现出一种印象派画作的风格。

《斗舞？嬉戏？》摄影 何晓彦

拍摄数据：相机 尼康 D300 焦距 78mm 速度 1/2 000 秒 光圈 5.6 感光度 ISO200 白平衡 自动

　　丹顶鹤真是奇特的动物啊，就像一个矛盾的混合体，沉静时犹如一位参禅悟道的高僧，走起路来像个模特，迈开长腿挺直脖颈，经过你身边时目不斜视，高傲得不知所谓，一旦动起来，便抛开了所有顾虑，丝毫不顾及形象，上下翻跃，摇头晃脑，似喝醉了酒的嬉皮士，无法指责与辩驳。若是这样几个人，关在同一个房间，面对敌人必然会立刻跳起来扑向对方，卡住脖颈狠狠地摇晃，恨不得你死我活，然而在丹顶鹤身上竟能和睦相处，不禁让人怀疑在鹤的内心世界中其实有一个广袤的宇宙，可以让这几位大人物各守一方互不干扰，这样想来，看向丹顶鹤的目光不由得敬畏起来，原来是如此深奥的一位人物啊，连它毫无意义的行为也变得深不可测起来。

　　书归正传，在丹顶鹤这些"深不可测"的动作中，抓住一个像模像样的瞬间可真是不容易啊，这位大人才不会理会你在拍什么，甚至不屑看下镜头，更别说还有其他抢镜头的家伙随时闯进来捣乱，在这样的情况下，抓住两只鹤同时张开翅膀跳起来的一刹那便显得尤为珍贵了，画面中的主角像是正在斗舞的 dancer，力求做到每一个动作都无可挑剔，看一下曝光时间，1/2 000 秒，实在是够快啊。

特定时刻

对摄影人而言，风景无时无刻不在心上，应做到相机不离手，捕捉自然界的每一个瞬间。的确，因为各种意料之外的突发状况我们对风景的造访是不能预期的，但是，也有一些风景是可以"预约"的，或者说，是在前人的经验提示下，有准备的去拍摄，这就需要了解风景摄影中的"特定时刻"。

关于特定时刻，前面的章节中已经介绍过日出日落应如何拍摄，其实，日出前、日落后这两个时刻更易出佳作。黎明之前的光线更为微妙多变，适合拍摄弱光题材的作品；等待日落后的余晖，才能得到整体环境的最佳反差值。这是一天当中的"特定时刻"，而在一年当中，应格外注意春分秋分这样的时令节气，在这两天，太阳的光照角度会达到一个极限值，这时拍摄往往会得到一些平时意想不到的微妙角度的光影效果。

对于一些喜欢旅游采风的摄影爱好者而言，"特定时刻"就更加重要了，那些所谓的"摄影胜地"不是一年四季都风景如画的，譬如，拍摄九寨沟缤纷斑斓的风光的最佳时间是在 10 月底，而吉林雾凇岛的雾凇景观一般都在 1 月初的那几天最为明显，元阳梯田在每年 11 月底放水备耕，这时登高逆光拍摄风景分外妖娆。这些都是前人无数次经验而得，对后来者裨益良多。

所以，摄影人在远行采风前一定要做好功课，尤其是去一些知名景点拍摄，要先上网查阅一些前人的拍摄成果，询问当地摄影师和资深驴友，最好有一位导游同行，会少走很多弯路。摄影爱好者要扩大自己的交友圈，多参加一些相关组织的活动，这样才能在交流经验时获得更多的拍摄信息。

拍摄技巧小提示

关于梯田拍摄的一些技巧：拍摄梯田一般采用高位俯拍的角度，这样可以更好地安排构图中的线条，并且可以增强画面的纵深感；在光线的选择上，一般采用逆光、侧光和侧逆光这三种光线，深化景观轮廓，以达到线条分明的画面效果，同时也可以更好地利用梯田内水的反光渲染氛围，营造出色的视觉效果；拍摄时间宜在日出前半小时和日落后半小时；选择包围曝光模式拍摄，避开太阳高光区测光；尝试使用黑白模式拍摄，在大雾天气中你可以轻易得到中国水墨画般淡雅脱俗的画面效果。

在有雾的天气中拍摄我们应以景观中的哪一部分作为准确曝光的测光标准呢？由于远近景都被雾气笼罩，因而在明暗影调上并无太大差异，这时使用点测光模式拍摄，以距离我们较近的被摄主体作为曝光基础，即可以得到一张层次丰富清晰的摄影作品。当然，你也可以使用包围曝光模式拍摄，这样更保险一些。

《夕照梯田》 摄影 李继强

拍摄数据：相机 尼康 D200 焦距 100mm 速度 1/250 秒 光圈 8 感光度 ISO100 白平衡 自动

想要拍到一张好的梯田作品，不仅要选对季节，更要选对时间。

这张照片拍摄于傍晚，夕阳的余晖在注满水的梯田中泛起万道金鳞，前侧光投下的阴影在画面中形成规律的图案，成为一道道曲折起伏的引导线，作品明暗区对比强烈，构图上，舍弃了天空的方式可以更好地凸显梯田的形态。

尽管是在弱光环境中拍摄，摄影人使用的感光度并不高，也没有做曝光补偿，而是顺应环境和氛围，很好地营造出一种低调的画面效果，在微弱的光线中，树几乎隐去，观者所有的视线都被集中在波光粼粼的田间，温暖的色调稍稍平衡了画面的寂静，让人捕捉到一丝几乎不可察觉的柔情。

炼色

　　文章讲究反复推敲、提炼语句，摄影同样如此，只不过照片中的语言更为直观，与阅读时的回味无穷相比，影像讲求的是一击即中，先要抓住观者的眼球，然后才能直达内心深处。影像的提炼关乎构图、影调、线条和剪裁，更多的是色彩的控制掌握。

　　有人说摄影记录的是光，而非色彩，那是黑白底片时代的观念，在数码技术高速发展的今天，摄影人已经不满足于还原景物的色彩，创造色彩才是他们的追求，尤其以风景照片为甚。

　　人们喜欢风景，是因为它赏心悦目，滋润了业已干涸的心灵；人们喜欢记录风景，是怕闭上眼睛便沉入黑暗，睁眼时那一池碧水满山霞光已消失不见。这是个缤纷的世界，春和景明，桃李争妍，青山碧水，美不胜收，何苦不流连？沉浸于黑白世界的人是深沉的，却也是孤独的。

　　一张照片中，构图反映的是摄影人的思维模式，色彩则与情感紧密相连。喜欢暖色调的人热情奔放，喜欢冷色调的人含蓄宁静，自然界有数以千计的色彩，我们不能将其全部囊括于一张照片之中，这样做的人不是疯子就是抽象艺术家，梵高只有一个，摄影人切莫贪心。

　　因而，在风景摄影中色彩的提炼极为重要，太多色彩在一起会相互争夺，使得画面杂乱无章，这时，摄影人要明确自己的拍摄主题和基调，有所弃才能有所取。

不同色彩在风景摄影中的特征和提炼

1. 冷色会使画面显得空旷而产生距离感，暖色则温和亲切，拉近景物的距离。
2. 色彩也有大小之分，浓郁显得小，淡雅显得大；消色中，白色最大，黑色最小。
3. 颜色越深则照片给人的画面质感越强烈。
4. 色阶越丰富画面越细腻。
5. 红配绿固然俗气，但是拍摄花卉时，这样的对比会使照片更具真实感。
6. 暗色调再丢失一些也没有关系。
7. 单一的背景色彩并不等同于单调，拍摄小品时它是极好的辅助语言。

拍摄技巧小提示

　　如何让照片的色彩与众不同呢？我们可以在后期处理时添加自己制作的滤镜，或微调色相，以Photoshop为例，Ctrl+M开启曲线，拉高红色曲线可以让照片呈粉红色调，降低蓝色曲线则照片整体色彩会偏黄色调，如果你的拍摄对象是春夏的植物，调整绿色曲线会让被摄主体的色彩更加鲜艳浓郁，当然，我们也可以在前期拍摄时就寻找那些与众不同的色彩。选择一种色彩作为拍摄主题，周围环境或者与之截然相反，使色彩跳出画面，或是尽量选择色相上接近的颜色充满画面，使照片呈现出一种饱满而和谐的效果。

图1 《岁月留痕》 摄影 霍英

拍摄数据：相机 尼康D7000 焦距 85mm 速度 1/1 000秒 光圈 8 感光度 ISO100 白平衡 手动

风 狠狠地吹过荒原
在岩石上撞击 抓挠 撕咬 啃噬
犹如生活一般不留下痕迹便不会罢休
让痛苦在上面雕刻下痕迹
让希望在上面雕刻下痕迹
伤痕累累

图2 《追》 摄影 刘成华

拍摄数据：相机 尼康 D300 焦距 200mm 速度 1/500 秒 光圈 14 感光度 ISO100 白平衡 手动

野马追逐夕阳
牧民追逐希望
尘烟追逐奔跑的足迹
牧犬追逐烟中的虚影
画外的你在追逐什么？
风景而已

　　看一下这两张照片，拍摄地点、时间、使用的器材和操作手法都天差地别，色彩上更是形成强烈的对比，一个是荒原上冷寂的巨大岩石，一个是夕照下草原上的野马、牧群，冷与暖，空寂与希望，为什么要放在一起呢？因为两张照片都对色彩进行了提炼。图 1 使用了滤镜，图 2 在拍摄时调整了相机的白平衡设置，两张照片的拍摄者都主观地让色彩成为画面中的主角，而主观的色彩则给我们带来了直观的情感冲击，使照片所传递出的信息更加深入人心。

变色

马奈说过："色彩完全是一种趣味和情感问题。"

对于风景摄影而言，色彩具备客观存在的特性，同时又兼容主观情感的左右。同样的日落，在一些人眼中是残阳似血瑰丽壮阔，而在另一些人眼中则是西山渐薄暮霭沉沉，一张在同一地点拍摄的傍晚时分的风景照片，可能会呈现出完全不同的画面语言和情感特质，色彩往往是区分二者的最主要特征。

撼动人心的风景摄影作品很少有"正确曝光"的，上个世纪50年代开始，西方摄影开始进入"主观摄影"的探索时代，主观摄影家们认为影像创造是由人的精神活动而导致的，观者所看到的照片皆为心像风景。摄影不是单纯的复制，它是由人操作机器，将风景转化成带有隐喻的符号语言，从而探究人们的心灵感受的一门艺术。

风景摄影中的主观色彩一般都是复合色，即自然界中没有的颜色。

摄影人可以通过如下操作得到主观色彩

1. 不正确曝光。不正确曝光其实就是创意曝光，摄影人可以利用过曝拍摄出画面十分干净利落的高调作品，或是在B门模式下通过长时间曝光得到一张色彩丰富细腻、变幻莫测的风景佳作。使用相机中的自动包围曝光模式也是一个很好的选择。

2. 白平衡偏移。在拍摄日出日落等特殊时刻的风景时，相机会在自动白平衡模式下修正晨昏时刻的色温，牺牲丰富的色调变化，这时，使用白平衡偏移功能，向琥珀色（A）和洋红色（M）偏移，就可以得到我们想要的艳丽色调了。相机的白平衡设置中，横坐标从B到A表示从蓝色到琥珀色进行色调调整，纵坐标从G到M则表示从绿色到洋红色进行色调调整。

3. 调整色温。改变照片色调除了使用"白平衡偏移/包围"外，还可以选择"手动调整色温"功能。相机中的手动色温模式有十几个选择，多加尝试可以得到意料不到的艺术效果，色温值越高，照片的颜色越偏黄色；色温值越低，则照片的颜色越偏红色。

4. 使用滤镜。前面一章已经提到过偏振镜和渐变灰镜，除了这两种滤镜外，还有蓝黄偏光镜、有色梯度渐变镜、暖调镜、冷调镜和色彩增强镜等多种滤镜，这些都是户外摄影师必不可少的辅助工具。

5. 后期处理。数码摄影时代相机和电脑是不可分割的两个主体，尤其是风景摄影中，通过后期处理中的滤镜、反转片和调整色彩饱和度等方法，可以轻易得到期望中的复合色彩。

不同厂牌的数码单反相机对于色彩的理解也存在很大偏差

1. 佳能追求色彩的艳丽程度，其在表现暖色调上的境界是其他相机难以企及的。

2. 尼康则忠实于色彩的还原，其拍摄出的风景照片往往色彩浓郁而不失真实。

3.徕卡一直青睐于表现怀旧伤感的色调，是喜欢文艺风格的摄影人的不二选择。

4.宾德的色彩接近于胶片，注重黑白与色彩之间的搭配关系，其表现出的厚重感极易打动人心。

当然，以上都是针对相机在原始状态下对色彩的理解，在不同拍摄环境下，摄影人可以通过调整相机设置中的【色彩空间】和【白平衡】来得到自己主观情感上趋向的色调，所以，选择不同品牌的相机对色彩的影响可以说是微乎其微。

《镜泊湖的传说》 摄影 李继强

拍摄数据：相机 索尼 F828 焦距 9.7mm 速度 1/8 秒 光圈 8 感光度 ISO100 白平衡 手动

但丁在地狱中看到燃烧的沸血河流，从这里进去的人，必须抛弃一切希望。这张照片，是被抛弃的希望与恐惧的结合体，尽管用了暖色调，却仍旧让人感到压抑，因为这色调太过浓郁饱和，饱和得几乎要溢出画面，让观者感受到拍摄者压抑不住的激情就要如这瀑布般喷薄而来，咆哮，怒吼，燃烧灵魂，无法与其激情产生碰撞与抗衡的人，将会被其吞噬干净。

毫无疑问，这张照片的色调并不存在于客观世界，它存在于地狱、平行空间或者拍摄者的主观世界中，而摄影人用电脑后期处理的方式将其呈现在观者眼前，它不仅带来了视觉冲击，更造成了情感上的冲击，这一刻，美与残酷共生并存。

同色

　　风景摄影中，大面积同色系色彩的运用可以使拍摄主题和情感表现得更为直观，这是一种极端的渲染手法，我们所说的"秋水共长天一色"，就是利用这种手法来表现天地间的和谐共融。同色系摄影作品从色调上区分，基本上可以分为冷色调和暖色调两大类别。

　　色调除了与被摄主体固有的颜色有关外，还受拍摄环境、拍摄时间、天气条件和操作方法的影响，想要得到冷调或暖调作品基本上可以通过选择不同色温的光源或是改变白平衡和使用滤镜这几种方法实现，除了在相机上的操作外，利用电脑进行后期处理改变色调也是摄影人经常运用的方式之一。

冷调

　　冷调照片以青色、蓝色为主调，使人联想到冰雪、天空、湖面和森林，给人以优雅、肃穆、平静深远的感受，视觉上易产生收缩效果和疏离感，有扩大空间的作用。较暗的冷色可以表现出神秘、阴郁的氛围；较亮的冷色则增加了画面的透明感，适合表现冬日雪后天地间银装素裹澄净清明的景象，或是一些未来时间概念较强的作品。

　　在拍摄时间上，晚秋和冬季是拍摄冷调作品的最佳季节；天气条件上，阴天、雨雪天和大雾天气都适合来拍摄冷色调的风景照片。

暖调

　　暖调照片以红、橙、黄色为主调，通常使人联想到日出日落、温暖的火花以及秋日午后慵懒的阳光，视觉感受浪漫而热情，具有很强的渲染力，饱满的色调给人以抚慰和鼓舞的力量。在表现空间和距离感上，暖色调具有较强的穿透力，视觉冲击感强烈，高度饱和的色彩起到了填充画面的效果。清晨和傍晚的低色温光线都能拍出很好的暖调作品，秋日明媚的阳光也适合营造这种温暖欢快的氛围。

　　如果说冷色调表现的是未来的时间，那么暖色调就是回忆起过去的光阴，暗黄色的暖调作品常常用来表现怀旧情感。

　　摄影人要注意，即使是同色系，也有同种色和类似色的区别。同种色搭配指单一色相间的变化，景物间表现出的差异只在色彩饱和度和亮度上有所不同，反差小，画面稳定、温和、统一性高，但也正是因为如此要格外注意明暗区对比和光影运用；类似色搭配相较于同种色增加了色相上的变化，有一定的色彩对比，画面表现更加活泼丰富而具真实感，在同色系摄影中运用得更为普遍。

拍摄技巧小提示

　　想要拍出色彩浓郁的风景照片，一定要记得在拍摄时给镜头加上遮光罩，这样做可以防止天空、地面或水面上反射出的杂散光进入镜头，产生影响画面效果的眩光，眩光的产生会遮挡被摄主体，使画面色彩偏白，造成一种过曝的画面效果。

拍摄数据：相机尼康 D7000 焦距 17mm 速度 1/60 秒 光圈11 感光度ISO200 白平衡 手动 曝光补偿 −0.33

这是同一张照片做了不同的后期处理，冷调的那张像是站在悬崖上遥望沉睡的大海，时间在目光投去的刹那凝固、物化，然后又如玻璃般破碎，于是只能不断地穿梭在过去和未来的夹缝间，画面给人的感觉理性、平静、深远；暖调的这张是站在峡谷间迎接朝阳，温暖的色彩带着抚慰将画面中的人一点一点拥抱入怀，淡淡的紫色营造出几许迷幻的氛围，此时闭上眼睛耳边响起古老的民谣也不足为奇，此时照片给观者的感觉又是感性、怀旧并且温柔的。

只是色彩发生了变化，画面意义便能产生如此之大的偏差，不得不感叹，人的主观意识还真是奇妙的存在啊。

《世界尽头》 摄影 霍英

洗色

  王国维在他的《人间词话》中谈及境界: 有我之境，以我观物，故物皆著我之色彩, 无我之境，以物观物，故不知何者为我，何者为物。风光摄影中同样讲求境界，如果说前面提到的"变色"追求的是有我之境，那么这一章所说的"洗色"，意指即是无我之境。

  洗色是色彩的极端运用，通过构图和曝光提炼出画面的"唯一颜色"，从而制造出负空间，使景物呈现出其最原始的特征，即物的本身。观者在欣赏摄影作品时感受直接来自景物本身的冲击力，同时注入自身情感在画面中，使其寓意产生无数可能，这就是所谓的无物中包含万物。

"唯一色彩"可以通过以下几种方式得到

  1. 过度曝光。逆光拍摄，将背景过曝，可以洗去画面中杂乱无章的元素，突出被摄主体。具体拍摄方法为自动拍摄模式下对暗处点测光。

  2. 大光圈虚化背景。在背景较暗的情况下，利用长焦镜头突出明亮的被摄主体，从而营造出一种优雅的格调。

  3. 使用人工背景。色板和背景纸是拍摄花卉和小品时经常运用到的辅助工具。

  4. 后期处理。通过改变色阶或剪裁等方式洗去"多余颜色"。

  除了提炼"唯一色彩"，摄影人还应记住，黑色和白色同样是色彩，再没有比黑白风光摄影更加写意风流的摄影类别了。黑白风光片是最接近国画意境的摄影作品，利用抽离景物现实色彩的手段营造出一种"似是而非"的疏离感，在洗刷世俗颜色的同时也洗刷了世俗的语言和既往印象，诱发人们对自然界客观存在的思考。

  拍摄黑白风光片的时候要格外注重环境测光、曝光正确、画面简洁和构图均衡，因为黑白照片只能依靠黑、白、灰三色的层次变化来表现景物的质感和氛围，所以还要特别强调作品的影调细节。

拍摄技巧小提示

  很多摄影爱好者喜欢通过电脑后期处理来改变照片色彩，将彩色风景照片转变成黑白风景照片，多数人采用的是一键黑白的方法，即使用 Photoshop 中的调整去色功能，这种方法简单快捷，但是会损失照片细节，降低画面的层次感，更为专业而有效的方法是选择 RAW 格式拍摄照片，然后在调节照片时转为灰度。为了让照片的黑白影调更加突出，我们可以在色阶输出不变的基础上调整高光区，使其趋近于白色而不影响照片层次，调整完毕后照片中的被摄主体会更加突出。

《牧笛》 摄影 李继强

拍摄数据：相机 三星 GX10 焦距 10mm 速度 1/250 秒 光圈 6.7 感光度 ISO100 白平衡 自动

这张照片与其说是在拍摄风景不如说是在拍摄状态，一种存在于当下的状态，一种此时此刻我就在这里的阐述，洗去颜色的同时也去除了被摄体的表层意义，它不再是蓝天下的装饰品，也不是绿草地上的雕刻物，它有了更深刻的意义，它被制造出来填充这个世界，世界是由无数个填充物构成。

黑白照片有这样的魅力，它永远发生在刚刚过去的一秒，并且会持续延伸到我们正在观看的当下，而敢于洗去颜色制造黑白影像的照片，其魅力也不能只局限于表面色彩，它要有构图与影调以及拍摄目的等与众不同之处。就这张照片而言，摄影人使用的广角镜头，在水平位置稍稍偏下的地方仰拍，用夸张的手法制造出被摄体更具视觉冲击力的形态，低感光度也很好地保留了被摄体的细节影调，对于很多摄影爱好者而言，将照片做黑白片处理是为了让废片起死回生，其实不然，更多时候，去色是为了让风景的深层意义得以体现。

前景

　　风景照片的构图需要表现很好的层次感，其中包含了前景、中景和远景，在专业摄影术语中，我们称位于所要表现的被摄主体前面的物体为前景。前景之于风景摄影，如锦上添花、石中生竹，它能让一组平淡无奇的风景产生质的变化，前景决定画面给予观者的第一印象，同时，也左右着照片的意境韵味。

前景在风景摄影构图中的作用

　　1. 前景可以增强画面的层次感和空间感，因其成像大、质感强、细节明显，可以轻易与远景拉开距离，强调近大远小的透视感。

　　2. 前景在构图中有均衡画面的作用，尤其是万里无云的天空和千里冰封的雪景，前景的放置可以避免画面过于单调苍白。

　　3. 在表现季节和时间主题的风景照片中，富于特色的前景可以起到渲染和烘托的作用。

　　4. 对比强烈的前景和远景除了造成视觉上的冲击力外，同时也可以引发观者的思考。

　　5. 前景永远是最好的装饰物，相较在后期中加入边框，利用自然中的景物更为生动活泼。

风景照片中前景的选择和拍摄

　　前景在构图中的位置没有一定的规则，它可以位于画面正前方，也可以居于构图的一侧或者一角，甚至可以安排在风景的四周，形成一个天然的画框，摄影人根据拍摄需要和审美倾向自主安排，前提是一定要让画面看起来舒服，前景的存在应突出而不突兀。

　　1. 寻找具有明显地域特征和季节特征的前景，可以让照片主题更加鲜明而具体，譬如，拍摄沙漠中的日落景观，用一棵胡杨作为前景，可以更好地凸显出长河落日萧条惆怅的氛围。

　　2. 利用造型独特的景物，如奇峰怪石、老树虬枝，或是一些人造景观，让画面妙趣横生，构图更加生动活泼，增添可读性。

　　3. 色彩对比强烈的前景可以很轻易地与背景分离出来，让视觉冲击更加强烈，从而强调构图的空间感。

　　4. 与拍摄主体存在关联性的前景，会让画面更具说服力，如被风撩动的浅草与茫茫草原、翻滚咆哮的海浪与浩瀚汪洋；这种关联不一定是直接的，间接的联想更具韵味，"孤舟蓑笠翁"，滚滚长江水，意境无穷。

　　5. 人也是很好的前景。很多摄影人在拍摄风光照片时都极力将人与人造景观排除于画面之外，此举并不可取，不要忘记，人类也是自然界中的一员，并且是不可分割与忽视的，这个星球正是因为有了人的存在和活动才更加生机勃勃，在你的风景中放入几个人影，会让观者更易产生共鸣。

　　6. 使用广角镜头拍摄。广角镜头可以强调照片的透视感，让前景更加夸张，拍摄时选择一些低角度去观察，可以得到意想不到的效果。

　　7. 前景宜深不宜浅，因而在拍摄时以天空为主题的风光照片时，如果较深的前景占据了画面中下三分之一的画幅，要使用中灰渐变镜来平衡曝光。

《辕》 摄影 张广慧

拍摄数据：相机 尼康 D80 焦距 80mm 速度 1/100 秒 光圈 5.6 感光度 ISO200 曝光补偿 −3

　　我们说过，拍摄氛围独特的弱光摄影作品可以选择在日出之前或日落之后这两个时辰，这张照片就是在日落之后拍摄的。拍摄者降低了 3EV 的曝光补偿，用大光圈提高快门速度，保证镜头中的入光量，同时，大光圈也模糊了远景，突出了前景，草原上蜿蜒的河流与天空都因为这种模糊而呈现出一种丝绸般的质感，光滑而柔和，使得原本粗狂的草原风景变得细腻起来。

　　这张照片如果没有放置前景，我们看到的只能是一片黯淡压抑的景象，视线在画面中除了一条细长模糊的河流外就没有别的着陆点了，前景的放置不仅吸引了观者的视线，更与后面的草原形成影调上的差别，让画面看起来富于层次感。

引导线

　　仙自画中来，拈花微笑，三千世界太仓一粟，人羡慕画中世界清明澄净，穿山无阻，入海不溺，如何入画，自有那武陵人指点迷津。风光照片是天然自成的画作，而引导线便是那引人入画的天道莽路。

　　引导线在风景摄影构图中尤为重要，它是指引观者的视线进入画面的途径，引导线拉近了观者与风景的距离，使平面图像产生立体感和空间感，为整个画面增添纵深感。

　　引导线可以分为自然引导线和人造引导线，自然引导线通常是河流、山脊、林木，人造引导线则是道路、犁沟、小径、墙围和足迹，这些元素都可以用来增添画面的吸引力，避免视线跳脱到画面之外。除了这些明显的线条外，摄影人还应巧妙利用一些埋伏在构图中的暗线，如水波、影子等不规则的线条。

　　注意，如果你的引导线是曲线或 Z 字形的线条，它会让视线在经过画面时产生多次停顿，从而帮助视觉休息过渡，使画面看起来更加舒服自然而具层次感；如果引导线是对角线，则可以让画面的视觉冲击力更为强烈。

　　广角镜头是制造引导线的最佳武器。

你不能不知道的风景摄影中的"线条"

　　有效地利用画面中的线条，不仅可以增强照片的视觉冲击感，还可以影响观者的情绪，添加画面的情感语言。水平线有助于稳定画面，制造一种平静的画面氛围；垂直线与水平线相似，多条垂直线的加入（如树木、栅栏），会在宁静之外增添一份肃穆的质感；对角线会让照片的画面效果更具戏剧性，同时，它也是摄影人构图时最常用的引导线。其他不规则的线条则会为照片增添动感，很多后现代摄影艺术家都会在照片中添加一些看似杂乱无章的线条，以营造一种复杂迷离的画面氛围。

拍摄技巧小提示

　　我们也可以自己来制造画面中的线条，近几年十分流行一种趣味摄影，即光绘摄影，这种夜间拍摄方式就是利用人造光线来制造画面中的线条。拍摄时需要两个人，一个人拍照，一个人用激光灯绘制图案，因为是在弱光环境下使用慢速快门拍摄，所以记住相机一定要有三脚架的支撑。将相机拍摄模式调至手动 M 档，感光度调整为 ISO 100，光圈 F8-F11，快门速度则需到数秒，按下快门后，在相机对面用激光灯在空中画出想要的图案或线条，即可以得到一张漂亮的光涂鸦作品了。

《天上的河与地上的河》 摄影 霍英

拍摄数据：相机 尼康 D7000 焦距 25mm 速度 1/500 秒 光圈 11 感光度 ISO100 白平衡 手动 曝光补偿 −1.33

天上的云看地上的河，看见的是自己的倒影，于是，便以为地上的也是一朵云；

地上的河看天上的云，看见的是它延伸到地平线上，与自己奔向远方的身躯交融在一起，于是，以为天上的也是条河。

以为，是一件很奇妙的事情，它让看见的欣喜，看不见的安慰。

因为，看得到的都是表象，是我们自身的倒影；而看不到的，统统认为它并不存在，自我安慰。

这张照片上不止有一条引导线，蜿蜒的河流是地上的引导线，与之相呼应的，是天空中同样呈长河状的浮云，二者都在向远处的地平线延伸，观者的视线也跟着一起前进，最终统一到远方。因为有了这两条引导线，让一分为二的画面均衡起来，也增添了画面的纵深感，这在拍摄平原风景中实属不易。

黄金分割

"黄金分割"是古希腊数学家欧多克索斯提出的数学比例关系公式，因其独特的美学价值，在艺术创作中得到广泛应用，绘画、建筑艺术、人体美学、音乐，甚至自然界中的万物都可以在 1：0.618 这个数值中找到堪称完美的和谐比例，而艺术发展到今天，数码时代的美学家们依旧尊重着这个比例。摄影，这个和绘画有着异曲同工之妙的艺术类别，在构图上同样离不开黄金分割法。

"黄金分割法"应用在摄影上，主要适用于确定画面的长宽比例、地平线位置的选择、空间的分割以及视觉中心的确立，摄影中的构图规则基本上都是由"黄金分割法"演变分裂而来，其中最常为风景摄影创作所用的，即是"三分法"和"九宫格"。

三分法

"三分法"的原则是在拍摄时,假设画面被横竖分别等分为三部分,然后根据等分线安排画面元素的位置,遵循人的视觉焦点总是落于画面三分之二处的规律,这样的构图看起来会更加舒适自然。"三分法"的最终目的是避免对称式构图。

拍摄风景照片时，最常见的构图方式就是让天空占据画面的上三分之一空间，地面占据下三分之二空间，然后将其他元素分布在三等分线的交叉点上。反之，如果要突出的主题是天空，就将地平线放置于下三分之一处，让需要重点表现的天空占据画面三分之二的空间。

九宫格

在绝大多数的单反数码相机中,都提供了类似于"井字格"的框线以辅助取景,这就是俗称的"九宫格"式构图法。

使用这种构图法进行拍摄时，要将被摄主体置于"井"字的四个交叉点上，通常认为，右上方和右下方的交叉点是最理想的位置，这样的安排符合人从左至右的观看习惯，将视觉重点自然过渡到右边的拍摄主体上，使画面趋向均衡。

"黄金分割法"的不对称放置方式一般都是在水平或垂直线构图中使用，当利用斜线或曲线构图时，让画面对称反而更能凸显主题。

拍摄技巧小提示

当你在取景框中开始构图时，除了用"三分法"或"九宫格"划分画面外，还可以使用一些其他的几何线条，例如 X 或 S 型，在画面中不同位置画上两条交叉的线条，将被摄主体置于两线交叉点上，这种构图法平稳而不死板，更加富于活力，也使画面效果更具创意，利于作品跳脱出平庸之列。

《风吹草低》 摄影 张广慧

拍摄数据：相机 尼康 D80 焦距 26mm 速度 1/400 秒 光圈 8 感光度 ISO100 曝光补偿 −0.33

很标准的一张草原风景照片，使用"三分法"拍摄，地平线平稳地放在画面下 1/3 处，天空中的云层也保留了层次感，羊群与牧民避免了画面过于单调无聊，感光度 ISO100，曝光补偿降低了 0.33EV，光圈使用的是 F8 的最佳光圈，总之，是无可挑剔，操作上无可挑剔，构图也找不出毛病，但是，总觉得缺点儿什么，是什么呢？缺少了一些出其不意，一些打破常规的惊喜，不过，也不是坏事，标准是被大多人认可的，平淡亦有平淡的味道，毕竟，我们是按照标准的审美在构图，得到的照片自然也以标准审美为基准。

减法　Less is more

摄影是门减法的艺术，主要体现在其构图思考上，如何在错综复杂的世界中发现美的形状、线条、色调和质感，将其提炼呈现出来，让观者一目了然铭刻于心，这就是构图的全部。

拍照时，利用取景器过滤掉对表现主题没有任何作用的元素，使画面合理而有秩序、均衡而饱满，是摄影人首先要做到的。而在更多时候，为画面留出一定的空白空间，可以突出被摄主体，同时引发观者无尽的联想，营造出空灵隽永的意境。以虚写实，是摄影构图中"减法"的扩展运用，也就是我们所说的"Less is more"。减法，减去的是繁冗世界的三千烦恼，得到的是念头心上的清明镜台。

在画面中大面积留白拍摄方式称为负空间构图法，制造负空间有哪些技巧呢？

1. 利用单一色调背景。外出采风时，万里无云的天空、平静的水面、苍茫的草原和蒙蒙迷雾都可以用来做背景制造负空间，而在拍摄植物花卉时，一块色板是画面留白的最佳选择。

2. 将被摄主体安排在画面三分之一位置，最好是照片的左下角或右下角，符合人欣赏时的观看习惯。

3. 颜色的强烈对比可以强调被摄主体题材意义的表达。

4. 黑色留白会为照片注入一种不可言喻的神秘感。

5. 将景物置于照片最底端，利用大片天空营造出孤独的氛围。

6. 负空间构图法还适用于弱光摄影。

拍摄技巧小提示

拍摄风景照片构图时需要记住这样几点：单独的被摄体更加醒目；被摄主体与留白的空间一样重要；尽量避免让地平线位于画面中央位置；倾斜的线条不一定就会破坏画面的平稳性，有时它带来的是更多的趣味性；动物也是自然风景中的一部分，试着在构图时加入生命，会为照片带来更多生气；不要让地平线和被摄主体边缘重合；被摄主体置于画面右侧会比左侧更加平稳；尝试轻微移动相机，切割掉景物的稍许边缘，反而能增加画面的想象空间，使照片中的风景更具韵味。

在世界的角落里等待花开
春天还来不及绽放
夏天就偷偷溜走
秋天只闻一声叹息
冬天便早早来到眼前
我们是倒挂的生命之树
我们是垂矣的花海遗珠
想要爱 却太胆怯
只能等待花开

《在世界的角落里等待花开》 摄影 唐天启

拍摄数据：相机 尼康 D80 焦距 18mm 速度 1/320 秒 光圈 9 感光度 ISO125 白平衡 手动

　　这是一张你可以做很多后期处理的照片，因为大面积的留白，我却选择了让它不受干扰的留在那里，不加修饰，当然也可以不加词句，这样的留白反而能突显我要拍摄的主体。将被摄主体放置在画面右侧的边缘，意在让观者自己去想象它在画框之外的全貌。在高墙之上，是一棵树的世界观，你眼中的它和它眼中的你其实并无任何差别。

俯拍 仰拍

风景摄影中，相机的定位十分重要，选择什么样的角度来观察风景决定着照片的整体定位。一般人观察景物的角度都是水平方向的，从这个角度来看，山就是山，水就是水，平铺直叙，波澜不见，以这个角度来拍摄照片稳定自然，但也鲜少有变化，更不要说让人耳目一新，眼前一亮。这就像人生，如果你只看眼前这条路，路就永远只有一条，殊不知，向上看是万丈银河任君翱翔，向下看是海纳百川蛟龙戏浪，换个角度看看世界，四方之外另有乾坤。

风景摄影中，出其不意的拍摄角度大抵可分为两种，弯下腰与抬起头，即是我们所说的俯拍与仰拍。

俯拍

俯拍是将相机的位置高于被摄体，自上而下观察景物，从这个角度可以运筹帷幄纵观全局，画面的透视效果也会变大，多用来拍摄山川、田野等大场景风景，画面表现大气恢宏，辽阔深远。

俯拍的角度还可以更好的控制水平线的升降，有效地排除干扰物，提炼画面语言，突出被摄主体。

俯拍技巧

1. 会当凌绝顶，一览众山小。俯拍的第一要诀就是占据制高点。高厦的顶层、山巅、靠海的悬崖，这些都是俯拍风景的绝佳观察地点，在登高的过程中要多加留意，说不定在半山腰就能发现浑然天成的"画框"供你取材。

2. 使用广角镜头。风景摄影中无处不在的广角镜头又出现了，因其视角覆盖面积大，在较高的观察点拍摄时，可以将被摄主体和背景一起包含进画框内，利用表现宏大的场景。同时，广角镜头的透视效果更有助于强调画面的空间感。

3. 弯下腰去观察。这是在没有制高点时制造制高点的最佳方式，山不来我便向山去，俯拍其实未必一定要表现大场景，低首垂目，足下生花一样妙不可言。

仰拍

仰拍又称低角度拍摄，取景时将被摄体置于镜头上方，从这个角度拍摄，景物往往被极度夸大和夸张。仰拍同样能够产生透视变化，与俯拍相反，被摄体的高度要比实际看来感觉高得多，因而常用来表现建筑物的雄伟、高大，直入云霄，或苍穹的宽广无垠和遥不可及，用仰拍角度拍摄植物动物时，会产生微观世界般的奇妙效果。

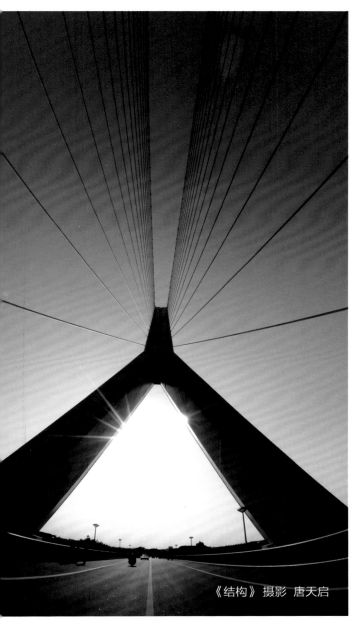

《结构》 摄影 唐天启

仰拍技巧

1. 靠近被摄体。仰拍时，尽量贴近被摄主体，夸张的透视效果会让画面更加生动而富于表现力。

2. 谨慎把握曝光量。仰拍时多以天空为背景，如果是在晴朗的天气条件下拍摄，大面积明亮的天空必定干扰准确测光，摄影人要选择拍摄对象进行取舍。如果是以云层为重点需欠曝，若选择前景则过曝，以丢失天空细节来确保主题清晰。

3. 贴近地面。极端的低角度会得到意想不到的效果，摄影人可以躺下拍摄，也可以采用盲拍的方式，如果你的相机有一个可以翻转的显示屏是再好不过的。

4. 保持相机平稳。仰拍往往会出现画面倾斜的状况，保持相机平稳可以避免后期修图对画质的损伤。

5. 当心损坏相机。仰拍时相机会因高度的降低而更加贴近地面，这时，要注意地面坚硬的突起或积水，要知道，数码单反相机是相当脆弱的，而镜头一旦磕损后果不堪设想。

拍摄数据：相机 尼康 D80 焦距 10.5mm 速度 1/1 250 秒 光圈 18 感光度 ISO1 600 白平衡 自动

这是站在大桥中间拍摄的牵引线，使用了广角镜头仰拍，线条延伸到画面之外，营造出一种高耸入云的视觉效果。用逆光打造剪影，反而更能突显现代建筑的几何美感。值得称赞的是这张照片对称的构图，拍摄城市风景照片，尤其是现代建筑，一定要注意那些对称的元素，它让画面更加舒服而平衡，符合人的审美趋向，即使是使用广角镜头，那种形变的不自然也在对称中被逐渐消弭了。

虚实之间

　　《围炉诗话》中有云：文章实做则有尽，虚做则无穷。"虚实相生借物寄情"是中国传统文化惯用的表现手法，无论是国画的浓墨淡彩，或是诗词歌赋的写意空灵，虚与实的辩证关系都发挥到淋漓尽致。摄影虽是由西方传入的艺术形式，在把握虚实这一点上却是尽得国粹真传，以虚衬实渲染气氛，人眼看不到的意境之美，通过相机的镜头跃然纸上如临其境。

　　虚与实的对比，是风景摄影中经常运用到的拍摄手法。或前虚后实，或前实后虚，其目的都是突出被摄主体，让人一眼看去似是了然却不尽然，虚中生实，实中有虚，回味无穷。拍摄时，一定要把握好光圈和景深，保证相机平稳，画面若是只虚不实一片模糊，会让观者找不到主体，抓不住主题。

虚实结合对构图的帮助具体表现在哪些方面呢？

　　1.背景虚化可以有效突出拍摄主体。

　　2.前景虚化能够增强画面的空间感。

　　3.在静止的照片上表现出动感。在拍摄瀑布、海浪、城市中的车水马龙或自然界中的飞鸟昆虫时经常运用动虚的方法。

　　4.帮助观者展开联想拓宽思路，勾画出无穷意境。

摄影艺术中画面虚化的类别

　　1.焦虚。通过控制景深和光圈模糊焦点清晰范围以外的景物。

　　2.光虚。利用眩光、光晕、光斑等制造画面的虚幻效果。

　　3.物虚。透过云雾、烟尘或轻纱拍摄景物，使画面呈现出雾里看花、若隐若现的视觉效果。

　　4.动虚。通过拍摄运动中的物体或移动相机使画面中的景物部分虚化。

　　5.镜虚。利用雾化镜、柔光镜等摄影辅助工具获得虚化效果。

拍摄虚实结合照片的技巧

　　1.大光圈。用镜头的大光圈取得较浅的景深，以达到虚化背景的目的。如果镜头的最大光圈系数是F2.8，使用它前一档数值的光圈F3.5来拍摄即可得到很好的画面虚化效果。使用最大光圈会损失图像品质，影响画面细节。

　　2.长焦距。在拍摄空间足够大的情况下使用长焦端比调整镜头光圈更易得到较浅的景深。

　　3.相机近。拉近相机与被摄体的距离，不仅可以虚化背景，更能产生强烈的透视效果，景物在画面上被极度放大，在突出主题的同时强调细节。这种方法通常使用在拍摄小品花卉上。

　　4.背景远。相较前面控制景深的方法，这一条对拍摄环境的要求较高，一般都是在空旷的大场景中使用。

《微小的姿态》摄影 李继强　　　　　　　　《爱情曾经路过这里》摄影 唐天启

拍摄数据：相机 尼康 D200 焦距 200mm 速度 1/160 秒 光圈 6.3 感光度 ISO100 白平衡 手动

　　这张照片很好地运用了虚实结合的手法，光圈并不是很大，但焦距却足够长，尽管是在一片草地上拍摄，模糊的背景依然让前面几株植物的形态清晰明了，在一片草地中脱颖而出，同时，拍摄者采用了侧逆光的机位，这让狗尾草在阳光下呈现出一种被光晕笼罩的画面效果。

拍摄数据：相机 尼康 D80 焦距 22mm 速度 1 秒 光圈 5.6 感光度 ISO800 白平衡 手动 曝光补偿 −1

　　再看另一张照片，虽然画面中没有一处实景，但不能否认照片的视觉效果，在一片虚幻的光斑中教堂和教堂前的人显得如此美轮美奂。这张照片拍摄于日落后，华灯初上，天空尚未完全暗下来，拍摄者使用了 M 档手动模式，长曝光，刻意营造出这种失焦的画面效果。有时我们不必按照规矩行事，跟着感觉走才是最重要的。

1:1 正方形构图

中国古代传统美学讲究"天圆地方",天代表时间,地代表空间,这是中国人宇宙观的体现。《周髀算经》中有记载:"圆出于方,方小于矩",最初的圆就是由正方形不断切割而来的。正方形在构图上的美学意义更为严谨而富于秩序。风光摄影作品中,当4:3和3:2画幅渐渐让人厌倦时,1:1的画面构图就脱颖而出了。

其实,正方形格式的相机由来已久。哈苏、禄莱相机都推出过正方形画中画幅相机,而哈苏的成功因素之一就源自于其正方形底片的便捷性。我们要知道,光线通过镜头进入相机的截面是圆形的,从这点上看,长方形图像传感器远不如正方形传感器利用成像圈的面积比例,由此可见,正方形格式的相机成像其实更为优秀。

而在视觉效果上,正方形构图比长方形更加优美、简洁,当被摄主体充满画面时更能抓住人的视线移动轨迹,从而突出照片的主题。

正方形构图要点

1. 对称画面。正方形构图最适合用于拍摄对称场景,如水面倒影、建筑物的线条,当拍摄主题位于画面中心时,1:1的构图更为简洁匀称。

2. 在正方形构图中,画面元素宜简不宜繁。

3. 正方形构图更适合制造负空间。

4. 黄金分割法同样适用于正方形构图中。

5. 在正方形构图中,曲线、圆形、三角形等几何元素更加突出,因而正方形构图经常运用于拍摄建筑物。

目前市面上的单反数码相机一般都采用长方形图像传感器,我们可以在后期剪裁中得到一张正方形构图的照片。

你不能不知道的正方形构图

世界上第一台正方形画幅的相机是1929年禄莱推出的,之所以采用正方形底片的原因,是因为其双镜头的设计,这种相机通过机器顶部的正方形放大镜取景,而至今仍有很多年轻人喜欢使用这种双镜头的相机拍摄。

在4:3和3:2画幅的风景照片中,地平线要尽量避免置于画面正中央的位置,正方形构图则刚好相反,在正方形构图中,地平线位于画面正中央的位置会让景观看起来更加和谐稳定。

正方形构图适合拍摄艺术类题材的照片,如静物、建筑、特写和抽象型的图案,圆形和三角形图案是正方形构图的最佳搭档。

在千年之前 在梦中
我曾来过这个地方
我饮过这里的水 我唱过这里的歌
我在这里有一段刻骨铭心的爱情
我将灵魂埋葬在古城的沧桑之下
千年之后
我又回到这里
只为看一眼当初流下的泪
是否已经干涸

《额济纳》 摄影 那静贤

拍摄数据：相机 尼康 D3 焦距 65mm 速度 1/400 秒 光圈 11 感光度 ISO200 白平衡 自动

陌生的风景
—— 千里之遥 足下花开

　　读万卷书不如行千里路，风景摄影是走出来的艺术，唯有多走、勤拍，方能在风景中领悟天人合一的境界。昔日李太白被唐玄宗赐金还山，走遍大江南北，才有了"蜀道之难，难于上青天"的嗟叹，诗仙之乐在于笑看五湖烟水独忘机，醉翁之意旨在梦游天姥吟留别。窗前的绿意固然清新隽秀，但走出去才能大好河山尽收眼底。

　　居于平原上的人爱看群山连绵、孤峰突起，常驻荒漠的人渴求一碧万顷、白浪滔天，江南雅士羡叹山舞银蛇、原驰蜡象，北国男儿欲睹小桥流水、草长莺飞。人们总是对远方的风景充满了期许，对未知的世界寄抱着希望。因而，千里走单骑可说是每个摄影人心中不灭的一个梦，风景摄影爱好者通常都是资深驴友。

　　摄影爱好者在远行前一定要做好功课，预先调查目的地，在完全陌生的环境中，你掌握的信息越多，越有可能获得更好的拍摄机会。互联网是最好的信息源，摄影人可以在出发前询问当地摄影师，了解目的地的天气条件和比较好的拍摄地点。

　　到达拍摄地点后，一个专业的向导是必须的，最好是找常年担任背包摄影族导游的当地人。专业的风景摄影向导会在安排行程时考虑进时间、气候、温度和光照等诸多与拍摄息息相关的因素，并适时进行调整。在他们的帮助下，摄影人获得好片的几率会大大提高。

　　有条件的摄影爱好者可以考虑自驾游，遇到引发创作欲望的风景就停下来，呆上几个小时甚至几天都可以，这是跟团出行不可比拟的优势。

旅游摄影器材准备

1. 风景摄影中最理想的配备就是全画幅相机。
2. 远行时，一个轻便的三脚架和变焦镜头是你最好的助手。
3. 多带几个滤镜应对突然变化的天气条件，偏振镜和渐变灰镜是必不可少的。
4. 遮光罩可以有效提高影像品质。
5. 寒冷的自然环境中，多带几块电池总是没有错的。
6. 最后记住，储存卡一定要带足，以备不时之需。

你不能不知道的旅游摄影

　　出门旅游我们都拍些什么？各地的民俗人情、建筑、山水原野或者一些家人朋友的纪念照，等等，是不是忘记了什么？对了，还有一个题材是旅游摄影绝对不能错过的，那就是独具特色的地方小吃！因为微博的关系很多人都养成了饭前一拍的习惯，这种好习惯一样适用于旅游摄影中，拍下沿途吃过的美食，当旅途归来翻出照片再次欣赏时，那种美妙的滋味仿佛还在唇齿间逗留，这才是品尝美食的最佳境界。

明信片不只是买来做纪念的，拿着你手中的明信片在那些著名景观前留照对比一下，镜头中实际景观和明信片上图画的相似对比会让你的风景照片更具创意和趣味性。

《草原行》 摄影 张广慧

拍摄数据：相机 尼康 D80 焦距 56mm 速度 1/250 秒 光圈 8 感光度 ISO100 曝光补偿 −0.33

开着一辆车驶进草原、沙漠或者任何广袤无垠的地方(除海洋之外)，迎着朝阳或夕阳，天上有浮云或繁星，向着仿佛永远到达不了的地平线进发，这大概是所有爱好旅游的风景摄影人的心之向往。想停就停，说开就开，我们可以去往世界的尽头或巅峰，这一刻，不仅有置身自然的愉悦，更有生而为人的自豪。

这张照片胜在构图，车队与路不仅放在了黄金分割点上，更形成一条引导线，画面下方预留了一定的空间，让观者注意到拍摄者与车队之间还是有一定距离的，这距离营造了画面的纵深感与空间感。拍摄者在构图时排除了天空，车队像是从无尽的世界而来，就要前往未知的远方，而旅途，从来没有终点。

熟悉的风景
——一生跨过两条河

人的一生要跨过两条河，一条是初遇，一条是回味。初遇时可能会感动，但只有在回味中，才能学会感悟。风景摄影中有一句话："熟悉的地方没有风景"，恰恰相反，熟悉的地方才是风景，如果你还没有发现她，一定是因为你走过的次数还不够多，你还未到回味的时候。

一张照片能撼动人心，与它的构图、色彩、层次、主题和社会意义有着密不可分的联系，但是，真正可以打动人的，却是其中蕴含的情感。我们不可能对陌生的土地投入感情，我们只有长足于故土之上，才会产生深深的眷恋和归属感。最好的爱情是初恋，最美的风景在故乡。一次远行只能留给你一场美好的回忆，熟悉的风景，才是生活。在我们生活的城市中，一人一物一草一木，都是故事。

拍摄熟悉的风景，我们有更多的时间去准备、去观察，我们清楚日出日落的准确时间，我们了解四季更迭的微妙变化，我们不必担心风景的转瞬即逝，因为，同一个地点，你还可以再来第二次、第三次，甚至几十次上百次。每一次跨进这条河，都会有不同的感悟，对于生命，对于时间，对于茫茫宇宙中何故我此时立于此处，只有在熟悉的风景中，你才有思考的余地。

拍摄熟悉的风景有两种方式

1. 端着相机扫街。一年 365 天，摄影人可以每天都带着相机，随时随处拍摄生活中的点点滴滴，记录城市中的风景。

2. 记下拍摄日记。如果你生活的地方有某一处的风景你认为是独特的、具有一定拍摄价值的，要将你每一次拍摄的时间、天气条件和曝光细节准确记录，这些信息在你再次拍摄时可以帮助你应对突如其来的变化，同时发现新的兴奋点。

记住，但凡好的风景作品，总是故地重游，感慨良多。

你不能不知道的街拍摄影

使用广角定焦镜头，街拍摄影一般以使用 35mm 的镜头为佳；相机拿在手里比挂在脖子上更方便，手指要随时放在快门上；地铁站和公园都是街拍的好场所；构图时不必那么小心，大胆地让被摄主体充满画面吧；使用 P 档拍摄比 S 档更加适合街拍摄影；尽量选择更加生活化的场景；路边的咖啡馆是你观察拍摄的好去处；黑白照片会让景观更有力度，而彩色照片则会增添人们观赏时的愉悦心情；街拍摄影是等待，是巧遇，当然，你也可以主动接近被摄主体；有时模糊比清晰更加真实；超广角镜头会让街景更加有趣哦。

《风景·十年》摄影 李继强

拍摄数据 相机 索尼 F828 焦距 9.5mm 速度 1/250 秒 光圈 8 感光度 ISO64 白平衡 手动

这是一幕在生活中最常见的场景，一张长椅，两棵树，随便在哪个城市的路边都能看到，而它为什么能成为风景呢？因为有人去注意它们，并且拍摄下来，这个人不是别人，正是你自己，作为一个摄影人，我们要放足天下，更要时刻注意身边的风景，往往生活中最常见的那些景物，更能激起观者的共鸣。

看看这张照片，经过拍摄者的后期处理，让画面呈现出一种寂寞的氛围，无人的长椅本身就是一种孤独的存在，在这种色调下，孤独感被放大了。这里曾经发生过什么？你一定看过一对恋人在这里缠绵，或者带着孩子闲聊的少妇，或者在阳光下小憩的旅人……而今，这一切都过去了，在这里，在这张长椅上，什么痕迹都没有留下，留下的，只有两个树。

这是在每个城市每天都在上演的故事。

独特的风景
—— 剑走偏锋 蹊径寻仙迹

安塞尔·亚当斯说过："一幅好照片就是懂得站在什么地方。"

摄影是一门新兴的艺术，从其产生发展至今不过200年的时间，而其真正融入我们的生活也是近几十年的事情，数码摄影就更不用说了，它作为艺术类别可以说是刚刚起步，虽然学术理论还不成系统，不够坚实，但同时也意味着我们有更多的机会去创新创造，而成功十有八九都是剑走偏锋、另辟蹊径。

风景摄影中有这样一个误区，就是拍摄旅游胜地和地域色彩极其浓烈的照片。罗平的油菜花出名，于是每年三月都有成百上千的摄影人蜂拥而至扎堆拍摄；元阳的梯田美，田耕注水时，摄影人比当地人还多。周庄的小桥流水，黄山的奇松怪石，无论有多少前人将其拍得"里熟外焦"，还是会有后来者奋勇直前水火不避。

不是说不可以拍摄这些旅游胜地，如果你只为欣赏美景，将其作为人生旅途中的一个回忆，走走无妨，但若想在这些地方再拍出新意流传于世，恐怕是难上加难。且不说有多少人用多少种方法拍过同样的风景，单就观者的角度而言，这道菜已经吃到腻歪，有些作呕了。

所以，风景摄影中，不走前人来时之路才是成功的要诀。世界这么大，总有些风景还未被人发现，等待你去探索，那是只属于你的一方净土，蹊径寻幽，才能相遇别有天地非人间。

当然，如果你已经来到风景胜地，也无须对美景嗤之以鼻，把酒当歌人生几何，这些地方的风景之所以出名还是有它的与众不同、超凡脱俗之处的。摄影人要避开众人聚集的拍摄地点，多走多观察，依靠自己的审美取向去寻找被人遗漏的风景，有时，也会得到意料之外的惊喜。

拍摄技巧小提示

如果你是一个经常出行旅游的摄影人，那么一定不可以错过一个场景，就是在飞机上拍摄云彩。在飞机上拍摄云彩首先要选择一个理想的座位，靠窗而不受机翼遮挡的位置最佳；拍摄时使用标准焦距的镜头即可，短焦距会拍到窗户，而长焦距则会降低画面质量；太阳的投影会为云层增加色调和影调，要注意的是，拍摄时不要直视太阳；为了避免机身的震动影响成像清晰，拍摄时利用座椅靠背作为相机的支撑，同时尽量提高快门速度，调高感光度。

那些喜欢登山的摄影人要做好防寒措施，进山速度以平稳为主，攀登过程中，注意地势的变化，坡度越陡，步伐越小，海拔越高，步伐越慢，以保存体力，不然在到达峰顶前你已经疲惫不堪。摄影爱好者不是专业的驴友，在登山时一定要遵照预定路线行进，队员间的距离保持数步之遥，中间休息时，以少量多餐为进食原则。

《大漠奇观—大同古城遗址》 摄影 苗松石

拍摄数据：相机 尼康 D300　焦距 17mm　速度 1/400 秒　光圈 6.3　感光度 ISO200　曝光补偿 −0.67

　　来到大漠戈壁，用广角镜头拍摄大场面的风光是一定的，但是在拍摄场景地势较为平坦、色调较为单一的情况下，广角镜头拍摄的风景有时会略显单调，这个时候，前景的安置就尤为重要了。当其他人仍在寻找风景时，拍摄者选择了一块风蚀的岩石作为前景衬托荒漠的广阔无垠，阳光下，岩石的影子很好地平衡了画面。记住，用广角镜头拍摄风景时，镜头越是贴近被摄主体，画面的视觉冲击力便越加强烈，你的作品也就更容易脱颖而出。

　　我想说的是，拍那些千篇一律的风景是件很乏味的事呢，因为乏味的风景和乏味的行为，让人不免猜想这是个乏味的人，个人认为没有比乏味这个词再让人感到羞愧的了，如果有人说我乏味会比他说我难看更让我沮丧。为了避免这种沮丧的情绪，努力寻找一些被人忽视却富于创新意味的景观，荒漠中的一块岩石本不足为奇，但将它作为拍摄主体近距离观察时，岩石上的每一道裂痕都在诉说着时间与历史的无奈，曾经的辉煌，如今，都是沧桑。

意外的风景
—— 且放白鹿青崖间

"与一个美丽的女子私奔需要很多很多的勇气，而和自己私奔，只要一点点任性就够了。"

—— 陈升

　　前面说的都是如何去寻找风景，是在知道存在的前提条件下，提出过设想，考虑过变化的与风景的"相遇"，其实，在人生漫长的旅途中，最美的不是雨巷中的伊人持伞缓步而来，而是在千百年间千百人中，恰好遇见了那个她。风景，若能偶遇，才是天成。

　　若想"偶遇"风景，摄影人需做到相机不离身，用"扫街"方式去捕捉大千世界中的斑斓绚丽。在这样的拍摄创作中，一个小巧轻便的相机是必不可少的，佳能 60D、尼康 D3100 和宾得 K5 都是很好的选择，再配置一个 18-200mm 的万能变焦镜头，风景随手可得。

　　且放白鹿青崖间，须行即骑访名山。"偶遇"的风景也是走出来的。与抱着一定拍摄目的的出行不同，我们可以带着一个背包，来一场没有终点的旅途，随心所至，天地逍遥任我游。在这场任性的"私奔"中，你的相机和敏锐的观察力是你最好的旅伴。

　　当然，成功不会给没有准备的人机会，只是，在这场旅途中的"准备"，并非精良的设备和充足的物资，而是丰富的经验和一颗善于发现美的心，每一个摄影人都渴望流浪，而每一个流浪的人，都带着数不尽的故事和看不完的风景。

　　我选择，拍下来。

拍摄技巧小提示

　　出行旅游时有很多摄影方面的小技巧可以在必要的时候助你一臂之力：35mm 是最实用的单镜头配置；使用 P 档模式拍摄并不丢人；配置一个变焦镜头会让拍摄变得更加轻松；三分法是最常用也最保险的构图方法；你使用的是数码单反相机而非胶片相机，不要吝啬按快门的次数，大量拍摄是摄影爱好者成功的第一步；不要拉帮结伙的出行拍摄，一个人旅行会给你留出更多的思考时间；低感光度和高质量照片之间并不存在因果关系，必要的时候一定要提高 ISO 感光度；随身携带相机，即使是在你吃饭的时候；旅途中一定要拍彩色照片，如果你想要一张黑白照片，可以在后期处理中得到；城市的夜晚比白天更有趣；小场景特写比大场景风景更易打动观者；习惯早起的人更容易成功。

《饮》摄影 于庆文

拍摄数据：相机 尼康 D80 焦距 200mm 速度 1/13 秒 光圈 5.6 感光度 ISO100 白平衡 自动

　　只是想早起散散步，呼吸一下草原清晨凛冽的空气，想不到竟然偶遇了一匹前来饮水的野马，幸好随身带着相机，不敢靠得太近，用长焦收进镜头中，野马悠然自得，丝毫没有注意到我的存在，就算注意到了也没什么，那伙计说不定会喷下鼻子打个响示意，然后低下头接着喝它的水，心里想着，又是一个来饮水的奇怪的家伙。

　　没事多散散步，拍几张片，有益健康，还能拍到有趣的风景，反正有大把时间，反正有大把风景。

　　只是有时我会想，如果那天早上饮水的是只狼，你该怎么办？

"明明闇闇，惟时何为？阴阳三合，何本何化？"
——屈原 《天问》

　　在中国的文化中，"天"占据独特的地位，一方面，他们崇拜自然，认为"天"是最高的神明，天生出了万物，是宇宙的主宰，具有无上的权威，敬天法祖，遵循礼规；另一方面，是对"天"、"地"、"人"之间关系的不断探索，从天文学的角度去探索宇宙，夜观天象，寻找事物发展变化的规律。可以说，古人抬头仰望天空的时间要远远超过我们这些现代人，而天空，也确实可以给人以启示与启发。

　　天者，阴阳、寒暑、时制也。对于摄影人而言，问天，即是了解自然环境和光的变化，在风景摄影中，这些都是拍摄的基础，作品的色彩和影调，很大一部分都是天空给予的，从这点出发，我们应该学习古人，惟有抬头仰望，才能更接近世界。

《晚霞映满天》 摄影 邹玉萍

拍摄数据：相机 佳能 50D 焦距 85mm 速度 1/160 秒 光圈 11 感光度 ISO100 白平衡 自动

　　朝霞不出门，晚霞行万里。这漫天的霞光预示着第二天必然是个晴好的天气，相信摄影人在拍摄这张照片的时候，心中已经预想好到哪里去采风了吧。

夜观天象 —— 风景摄影的准备

　　风景摄影中有一句话：成也天空败也天空。我们眼中的风景无非天地间万物，任何风景都离不开天与地，或者说，风景本就是天地。问天堪地，上下求索，应是摄影人的本能。

　　地上的风景经过亿万年的沉淀才得以形成，它是静止不变的，变化的是不同时节不同时段不同天气环境下的光影疏离，风景摄影拍摄的正是这些变化。明明闇闇，惟时何为？熟悉和了解天象规律是摄影爱好者的基本功。

　　古人夜观天象为的是洞察世事普测未来，我们夜观天象则是为了知晓风和日丽苦雨凄风，前人积累下的推断天气变化的经验准确率奇高，有时甚于天气预报。如"早霞不出门，晚霞行千里"、"早看东南，晚看西北"、"燕子低飞，出门带蓑衣"，这些看似普通的口头禅，是千百年的智慧结晶，对外出采风的准备工作帮助极大。

　　并非只有晴朗的天气才适合户外拍摄，阴天时的散射光反而能突出景物的细节和质感，雨雪云雾这些气候特征更能增添照片的奇景氛围，万里无云的天空只是一片蓝色背景，风云变幻才是我们值得拍摄的对象与表现的主题。

你不能不知道的风景摄影中的"天空"

　　在拍摄晴朗明亮的蓝色天空时，需要在准确测光的基础上增加一档曝光补偿；日出日落时，为了得到更丰富的色彩和画面层次，则需在对天空准确测光的基础上减少一档曝光补偿；当太阳出现在取景框中时，应使用点测光模式拍摄；阴雨天气中，开启矩阵测光模式即可以得到一张满意的照片。

地平线的放置

地平线是什么？古人将其当做世界的尽头，称之为"天涯"；我们明白它是视觉的极限，天地的交接；浪漫主义者称地平线那边有另外一个世界；理想主义者把地平线看成是最初的起点。对于摄影而言，地平线是构图的一部分，它的放置决定了天空是否为拍摄主题。

户外拍摄时，地平线的的摆置取决于拍摄主体相对于地平线的位置。拍摄主体在地平线之下，需将地平线放置于画面偏上的位置；拍摄主体在地平线之上，则将地平线放置于画面偏下的位置。地平线偏下时要表现的主题通常都是色彩丰富的天空和变幻莫测的云层，如旭日、彩霞等，因而，我们常常根据天气变化来选择地平线的放置。

构图时地平线放置技巧

1. 保证地平线的水平端正，避免造成画面倾斜。
2. 遵从三分法原则，将地平线放置于画面上 1/3 或下 1/3 处。
3. 地平线不宜放置于取景器正中央 1/2 处，否则会分割画面。
4. 根据视觉习惯，天空占 1/3、地面占 2/3 时的构图最为赏心悦目。
5. 拍摄水中倒影时，可以将地平线放置画面中央，保证构图平衡、上下对等。
6. 尽量避免地平线与被摄主体相交，分割画面、分散观者注意力。

你不能不知道的风景摄影中的"地平线"

你是否注意到，在你对大场面的风景（如草原、荒野）构图时，地平线在近处时画面压抑感要比地平线在远处时更加强烈。城市摄影中，大气中的烟雾会使远方的地平线看起来比前景的颜色更淡。跟随拍摄运动物体时，尝试倾斜地平线，可以让你的照片更具动感与视觉冲击力。

拍摄技巧小提示

风景摄影中照片的稳定多来自于地平线的水平，如何确保地平线的水平呢？很简单，我们可以利用取景器中的横向自动对焦点或者网格线来找齐地平线，一些数码单反相机的菜单选项里带有虚拟水平仪，你也可以用这种方法来确认。

《暮色》 摄影 何晓彦

拍摄数据：相机 尼康 D300 焦距 92mm 速度 1/1 000 秒 光圈 6.3 感光度 ISO400 白平衡 自动

太阳就要落下去了，落到远山的后面，地平线的另一边，云层看不到的地方⋯⋯它走时带着大批的追随者，群鸟徘徊不散，野马垂头沉默，光芒一寸一寸地跟着退去，世间万物的形态与色彩也仿佛被一并带走。地平线的另一边究竟有什么，让它舍弃了我们义无返顾地投身下去？

不过是与我们一样的世界，不过是与我们一样的凡人，它到那里去，只是因为时辰到了，再无其他原因。

日出日落，如此公平。

这张照片的主角无疑是夕阳与云层，从构图上即可看出，地平线在画面下 1/3 处，大片的阴云压迫下来，落日在画面中间位置吸引了观者的大部分目光。拍摄者为了兼顾云与山脉的层次轮廓，用了点测光模式拍摄，几乎舍弃了画面下 1/3 的暗区，不过，无所谓了，反正要突显的主角并不是这一部分的景物，风景摄影就是这样，有些时候当断则断，惟有舍弃一些景物才能获得更好的作品。

天空与高调摄影

　　摄影人不喜欢万里无云的天空，单调、乏味、没有变化，强烈的直射光下难以掌握曝光量，但是，当你找到有趣的前景或是在拍摄高调作品时，晴朗的天空会成为最好的背景。

　　光线通透的环境中，高调的风光照片会给人带来愉悦、欢快的视觉感受，简洁的构图能够突出被摄主体，瞬间抓住观者的兴趣点。

如何以天空为背景拍摄一张高调作品呢？

1.以天空为背景采用仰角拍摄。

2.选择有趣的前景逆光拍摄。

3.将地平线放置于画面下 1/3 处，或者干脆将地平线排除于画面之外。

4.曝光时以主体测光值为标准。

5.使用点测光模式对暗部测光，得到一张过曝的高调照片。

6.增加曝光补偿，使照片过曝。

你不能不知道的风景摄影中的"高光"与"低光"

　　太阳在天空中垂直地照射大地时是一天中阳光最强烈的时候，我们称这种光线为高光，因为光照角度的关系，这种光线对于照片的影调和层次都没有帮助，光线过于强烈不利于测光，因而，摄影人应当尽量避免采用这种光线进行拍摄。与之相反的是太阳刚刚升起或落下时的光线，这是一天当中光照最柔和的时候，我们称这时的光线为低光，低光可以让风景呈现出一种温暖的色调，同时，由于其光照角度较低的关系，可以加深景物的轮廓和层次感，让画面影调更为丰富，因而，低光也是摄影人最喜爱的光线之一。

拍摄技巧小提示

　　点测光适用于任何场景的拍摄。当拍摄环境的光线比较复杂时，如何保证测光的准确呢？很简单，将手掌摊开面向阳光，对手掌进行测光，然后再加一档曝光就可以了。

《空城》 摄影 唐天启

拍摄数据：相机 尼康 D80 焦距 10mm 速度 1/1 600 秒 光圈 13 感光度 ISO320 白平衡 自动

　　这张照片过曝了，没错，我就是要一张天空过曝的高调照片。用广角镜头仰拍天空，选择点测光模式对画面中的暗区测光，得到一张干净如斯的照片，天空的色调由蓝色向白色渐渐过渡，最终与冰封的江面融合在一起，画面透彻、澄净，蓝天看起来好像更高了，究竟有多高呢？是飞鸟竭尽全力也到达不了的高度，是风筝消失不见的高度，是 4 000 架长梯连接在一起才能勉强触摸的高度。4 000 架长梯这个概念是从何而来呢？笔者也不清楚，或许是遥远的记忆深处某些童年印象在作怪吧。

天空与海景的拍摄
一 海天一色

海天万顷，碧色上下一天光，色彩的趋近让天空与海洋在相接时呈现出一种分外和谐的美感，传说，海洋之所以为蓝色是天空的眼泪凝结而成，这种说法很浪漫，而实际上，天与海的蓝色都是对太阳蓝光的折射与散射，因而，在不同时刻二者总是对光线做出一致的反映。晴朗天气中，天与海的色泽都是湛蓝透彻；阴云密布时，海面也会呈现为深沉压抑的灰蓝色。摄影人在拍摄海天一色的风景时，既要兼顾二者的统一，又要在这统一中寻找与众不同的兴趣点。

天空与海景的拍摄要点

1. 清晨与傍晚是拍摄海景的最佳时刻，将太阳放置在画面中选择点测光模式逆光拍摄，对云测光画面亮度会趋向平衡，若对海面测光则能得到波光粼粼的绮丽效果。

2. 使用超广角镜头表现出天空与大海的广袤无垠。

3. 利用海岸线上的风景构图。

4. 根据构图三分法放置水平线。云层变化丰富的情况下压低水平线留给天空更多展示空间，当海面上有船只或岩石时，则将其作为前景抬高水平线运用远近构图法。

5. 将水平线放置画面中央用慢速快门拍摄出具有抽象意味的照片。

6. 在有三脚架支撑的情况下，使用小光圈慢快门拍摄，表现出海面潮起潮落的动态感。

7. 用偏振镜可以压暗天空，减少海水反光，让画面更加深沉而富有质感，增强视觉冲击力。

8. 调整白平衡让蓝色趋近饱和。

9. 拍摄海景时，摄影人一定要注意潮汐变化，安全是第一要则。

拍摄技巧小提示

拍摄海景时，拍摄地点的选择很重要，如果你要拍摄的是日出景观，那么就要寻找一处面东的海滩进行拍摄；反之，假若你要拍摄的是日落景观，则需寻找一处面西的海滩来取景。摄影人应尽量选择太阳光照角度较低的时间来拍摄，如清晨或午后近傍晚，此时光线更加柔和，天空中的色彩也更加绚丽，天空中的色彩与水面对其的反光可以让海景层次更为丰富。海景风景很容易因为过于单调而显得无聊，摄影人在拍摄时应尽量放置一些有趣的前景，如海边的礁石或冲浪的年轻人，这样做不仅可以让你的照片更有生命力，因为有参照物的对比，也可以更好地衬托出大海的广阔无垠。

《海滨渔场》 摄影 何晓彦

拍摄数据：相机 尼康 D300 焦距 18mm 速度 1/250 秒 光圈 13 感光度 ISO200 白平衡 自动 曝光补偿 −0.33

　　你有没有想过，我们其实是一尾鱼。

　　最初的生命由海洋中产生，那个时候，并没有所谓的化学污染、石油泄漏这码子事，太阳系第三颗行星上的浅滩几乎都是这样透彻的蓝色，我们无忧无虑的游曳在其中，不必去思考人生的意义，也不用烦恼明天早餐的菜色，直到三亿多年前，一个想不开的家伙首先爬上陆地。关于这家伙的动机，无论是生物学家还是海洋学家，或者历史学家和人类学家，都在费劲脑汁地琢磨，是全球气候变化还是外来物种的催化，又或者受到了某些感应，不过也许并没有那么复杂，可能它只是好奇心作祟，想探头看一看陆地上的景色，又或者只是因为可以在陆地上生活，于是，就那么做了。无论是出于何种缘由，这家伙让我们远离了大海的拥抱是无可置疑的，真是可恶的家伙啊。

　　因为是来自这样美丽的地方，即使过了上亿年，我们生命深处的远古记忆还是催动着人类重回海洋的怀抱，那里才是家园，就如现在你看着这张照片，难道没有一跃而入的冲动吗？

拍摄日出与日落

日出日落，是天空色彩最为丰富的两个时辰，火红的霞光，靛蓝的天穹，晨昏女神扯来做嫁衣的五彩云裳，随着太阳位置移动变幻莫测的光线与投射在大地上的影调相映成章，此时的天空最具拍摄价值。

拍摄日出日落时的天空要密切注意光线的变化，日出时，光线照度迅速提升；而日出时，光线照度则急剧减少。同样变化的还有色温，日出时，短时间内色温会从 2 800K 升至 5 500K，摄影人可以通过调整相机白平衡设置适应这种变化。

晨昏时刻天空拍摄技巧

1. 利用云彩构图。云是自然界中的反光物，它可以传播太阳红光，是日出日落时拍摄天空的主要题材。当一片云遮住太阳，光线从其后射出，此时抓拍效果格外动人。

2. 调整相机白平衡设置。为了让太阳在画面上出现的形象符合人们的视觉印象，将白平衡调高，可以让照片的整体色调偏暖，太阳呈现出金黄色或橙红色。

3. 将地平线放置于画面下 1/3 处，有利于表现太阳跳出地面时瞬间的霞光万道，或日落时暮霭沉沉楚天阔的苍茫寂寥。

4. 太阳为拍摄主体时曝光量应以太阳周围的天空亮度为基准。

5. 拍摄日出日落时镜头不宜剧烈晃动，三脚架是最好的辅助工具。

6. 适当增加曝光补偿，此时光线变化较大，可以选择包围曝光模式以提高拍摄成功率。

你不能不知道的风景摄影中的"落日"

你知道吗？光圈大小的改变会影响画面中落日成像的大小。光圈口径越大则拍摄主题成像越大，如果你想要一轮燃烧的落日，就要使用 F4 或者更大的光圈进行拍摄；若你希望落日如一颗即将陨落的星辰，那么你就要使用 F16 或者更小的光圈来拍摄了。记住，使用小光圈拍摄落日时要相应地提高感光度或延长曝光时间，避免由于曝光不足造成的画面暗区影调的过分缺失。

拍摄技巧小提示

只有一轮落日会让画面看起来单调而无聊，因而在构图时应在近景中增加一些树木或建筑，或者用大面积的云层作为背景，用于点缀落日景观，渲染画面氛围。

《湖畔诗歌》 摄影 李继强

拍摄数据：相机 三星 Pro815 焦距 7.4mm 速度 1/1 000 秒 光圈 5 感光度 ISO50 白平衡 自动

　　多么难得，在日出的地方，有一池碧水，晨雾中若隐若现的树木、屋宇和机器都倒映在这平静的水面上，刚刚跃起的太阳将地平线上的一切景物都染成了金黄色，而天空还保持着深沉的色调，这样的画面可遇不可求。我们的相机在拍摄这种饱和的色彩时很容易产生偏差，为了能更真实地重现风景的原貌，拍摄者使用了手动白平衡设置，并且对照片进行了后期处理，珍惜拍摄者的苦心吧，在现实生活中，你有多少机会看到这样的日出呢？

夜景拍摄 — 白天不懂夜的黑

多数人认为夜晚的天空没有可拍之处，加之光照条件有限，甚至无法拍摄，这种想法在风光摄影创作中是不可取的。风景存在于任何时间任何地点，只待有心人去采摘去欣赏，夜的美，是白昼不懂的深沉与忧郁，寂静处的喧闹才是真正的狂欢。

夜景拍摄的主要光源来自于月光、火光以及城市中的点点灯光，子夜梦回万籁俱静之时，抬头仰望，皓月当空，河汉清浅，怎负如此良辰美景，岂不把酒言欢作乐。

月色如水

"露从今夜白，月是故乡明"、"举头望明月，低头思故乡"、"我寄愁心与明月，随君直到夜郎西"，这一轮明月总叫人勾起思乡之愁、离别之恨，淡淡的光辉映着它的清冷，这清冷正是其难以拍摄之处。如何拍好月亮，关键在于曝光的准确与否。

月景拍摄技巧

1. 选择长焦镜头与三脚架的组合。

2. 使用相机最佳光圈拍摄。

3. 借鉴"阳光十六法则"。拍摄月亮有多种曝光组合，最为常用的是 11，8 和 5.6 的组合，当快门速度为感光度倒数时，满月时用 F11 光圈拍摄，半月和 3/4 月时分别用 F8 和 F5.6 光圈拍摄。

4. 使用点测光对月亮最亮部分测光，得到正确的曝光系数。

5. 使用低感光度拍摄避免画面粗糙。

6. 减少曝光补偿。

7. 月亮轮廓过分清晰会使画面显得呆板，这时要用虚焦故意拍得模糊一些，营造出月晕的效果。

8. 利用多次曝光法或电脑后期合成技术可以得到一张月亮与夜景都曝光准确的照片。

落星如雨

梵高的《星夜》是目前为止复制最多的油画，数以千万的人在这幅画前为它的魅力所折服，漩涡状的形态勾画出星辰运动的轨迹，仿若幻象的构图令人在观赏时产生宗教崇拜般的敬畏感，这是星河与宇宙给予人类的震撼，只有在抬头仰望星空时，才能切身体会到自身的渺小和孤独，世界的伟大与包容。

属于人类文明的《星夜》，这世界上只有一幅，再难出其右；万幸的是，拜现代科技所赐，我们仍可以创造出属于自己的星空，数码摄影实现了人们捕捉星辰轨迹的梦想。

拍摄星空，一定要远离都市，在空气洁净、没有城市光污染的野外，星辰才会显露出它的本来面目。

星空拍摄技巧

1. 选择一个无月、无云的晴朗夜晚，在海拔较高的地方进行拍摄。

2. 使用广角镜头和三脚架的组合拍摄。

3. 拍摄银河与星座时，尽量开大光圈，调高感光度。

4. 捕捉星轨需要长时间曝光，因而要调低感光度，ISO 50 即可满足拍摄。

5. 注意曝光极限。长时间曝光会产生噪点，曝光 30 分钟以上一般相机的热噪点会非常明显，因而，捕捉星辰轨迹的最佳方式是连续多张拍摄进行后期叠加，每张照片的曝光时间在几分钟即可。

6. 拍摄流星雨时，将相机设置到连续拍摄模式。

7. 快门线也是星空拍摄中必不可少的辅助工具。

《望舒》 摄影 唐天启

拍摄数据：相机 尼康 D80 焦距 200mm 速度 1/4 秒 光圈 6.3 感光度 ISO1 600 白平衡 自动

你不是晨曦 无法染红我的三千白发
你不是骄阳 无法燃烧我的遗骸枯骨
你不是夕霞 泼洒不出写意的余晖
你甚至不在白天出现 只悄悄溜过梦寐的罅隙

于是我不挽留你 任你走远
走得远过了树梢 走得远过了云际
不见了身影……
月走了 一路的星砂
而我要去哪里再次找寻一个回忆的方向
似曾相识 似有似无 四向迷途 若可奈何

我还记得这张照片拍摄于农历八月十五，中秋佳节竟然乌云遮月，好容易等到云朵散开的这样一个瞬间，快速地支上三脚架，用慢速快门拍下了这样一张月景照片，想不到，竟然比晴朗的夜空更加迷人。测光模式是点测光，感光度倒是不低，但我并不要求画面的质感多么锐利，有些噪点在模糊的云层上反而为照片朦胧的氛围增色不少。

《灯火寂寞》 摄影 李继强

灯火阑珊

每一个摄影人都是城市夜游症患者,灯火迷离,光影斑驳,怎叫人不流连忘返。夜是最纯粹的背景,每一道光在这里都无所遁形。

夜景拍摄技巧

1. 使用三脚架长时间曝光拍摄,捕捉城市中车流的光线轨迹。

2. 长时间曝光拍摄夜景要降低感光度减少噪点。

3. 控制曝光量保持夜晚气氛。

4. 用小光圈拍摄出点点灯光的视觉效果。

5. 调整相机白平衡让灯光的色彩更明艳。

6. 在雨夜或临江靠海的环境中,利用水中倒影增加亮度。

7. 手动失焦,拍夜景时,模糊晃动的画面反而增添一种如梦似幻的迷离感。

拍摄数据:相机 佳能 5D Ⅱ 焦距 100mm 速度 1/13 秒 光圈 4.5 感光度 ISO3 200 白平衡 自动

你的流浪是自我放逐 与人无关
你的残忍是天性使然 与人无关
你的黑夜是轮回作祟 与人无关
你的灯火是你的燃烧 隔岸观火

夜晚的风景有其独一无二的魅力,只有在夜幕降临时,我们才能看得到烟火,只有在夜幕降临时,城市才会展示她妩媚多情的一面。夜晚,赋予了光不一样的魅力与深意。

看这张城市夜景照片,拍摄者并没有使用三脚架,画面依旧清晰,因为感光度够高而光圈也够大,江面上的倒影增加了拍摄环境的亮度,所以即使没有使用三脚架,也可以拍好灯火迷离的夜景,只是,需要好的器材作为辅助,你要确定你的单反相机允许你使用高感光度拍摄而不会出现太多噪点,不然的话还是带上三脚架吧。

火树银花

拍摄夜空怎能少得了烟花？火树银花不夜天的美丽总是转瞬即逝，短短几秒的绽放后是归于夜的寂静，故而，烟花被视为风景摄影中最难拍摄的景物之一，但也正是因为它的不可求才让更多摄影爱好者趋之若鹜，难拍不等于不能拍，如何拍好这短暂的美丽呢？

烟花拍摄技巧

1. 提前到达拍摄地点，分析地形，选择一个较高的切入点。

2. 用三脚架固定相机，广角镜头收入烟花全貌。

3. 使用仰角拍摄，让天空占据画面 2/3 以上的空间，保证烟花全部进入取景器构图范围内。

4. 构图时寻找合适的建筑物衬托烟花的壮观。

5. 烟花是爆炸性发光，自身亮度非常高，因而应该使用较小的光圈拍摄，通常光圈在 F8 至 F16 范围内即可。

6. 降低感光度减少噪点，将 ISO 设置到 100 最为合适。

7. B 门拍摄是捕捉烟花的最佳选择，在焰火绽放时按下快门，直至其消失后再松开快门。注意不要让快门时间打开太久，以免照片过曝。

8. 拍摄焰火时选择 M 档手动对焦比自动对焦成功率更高，将焦距设定到无穷远即可。

9. 选择多重曝光模式让烟花布满天空。

10. 记住，闪光灯在这里没有用武之地，此时的夜空已经足够明亮。

《烟火迷茫》 摄影 李继强

拍摄数据：相机 尼康 D80 焦距 48mm 速度 1.3 秒 光圈 7.1 感光度 ISO320 白平衡 自动

命运 发生在这广袤世界的每一砾尘埃中

沉默着 沉默着

无处可逃

于是爆炸开来

于是烟火布满星空

再看拍摄烟火的这张照片，为了呈现出烟火绽放的姿态和轨迹，使用了慢速快门，感光度也不高，同样用了江面上的倒影帮助构图，虽然画面有些晃动模糊，倒别有灯火阑珊光影斑驳的味道。

云 — 浓墨淡彩 层次深浅

聚散虚空去复还，野人闲处倚筇看。不知身是无根物，蔽月遮星作万端。天空中变化多端、看似遥不可及的云层，实际上也只是一片会移动的水雾而已，挥一挥衣袖，不带走，不停留。轻薄如斯的云，竟是风景摄影里天空中最为重要的构图元素，少了它，就少了一分自然的味道，这真让人不得不感叹世事无常，最轻的亦是最重的。

云是大气层中最重要的反射物质，反射强度随形状、厚度的不同而变化，高云反射率约为 25%、中云为 50%、低云则为 65%，最厚的云层反射率可达 90%，因而，云也是天空中色彩最为丰富的存在。

拍摄好云层，首先要了解它都有哪些形态以及这些形态会在什么样的天气环境中出现。云会随着天气的变化而凝结、移动、消散，常见的云有浮云、朵云、鱼鳞云、片云、条云、层云和火烧云等。

浮云常在早春时节出现，夏日的天空中经常能看到凝结不散的层云，鱼鳞云是秋高气爽的标志性景观，稀疏的条云则属于寒冷的冬季；风和日丽的天气里适合结伴去拍摄富有清新意味的朵云，风雨欲来的环境中大片压低的乌云是最好的气氛调味剂；日出时朝云聚散、霞光万道，日落时暮云蔼蔼、残阳斜照。

一片云，不只可以均衡构图增添气氛，更赋予画面一层故事色彩，观者可以从云的形态和色彩判断出照片的拍摄季节与时间。

以云为拍摄主题时，地平线要放置在画面下 1/3 处或画面之外；而当云层作为衬托物出现时，要注意其形态与拍摄主体是否相得益彰，避免构图的重复与呆板，或者主宾不分。

层次较为丰富的云通常在清晨和午后出现，斜射的光线不仅可以勾画出其形态，更增添了云层的色彩变化，让画面看起来更加绚丽饱满。

偏振镜是拍摄云层的好助手。

拍摄技巧小提示

蓝天白云是最常见的天空景观，也是最难拍出特色的，使用超广角镜头拍摄可以凸显天空辽阔的感觉。想要拍好蓝天白云还要选择合适的光线，一般情况下我们都会选择顺光拍摄，顺光下被摄主体受阳光的直接照射，投射的阴影在景物后方，呈现出的画面会比较明亮，这就表明我们要注意观察光照的方向，如果太阳在东方，就要向西拍摄，反之则向东拍摄。

注意，顺光拍摄时摄影人的影子很容易进入镜头，构图时要格外留意。

《天边有一朵云》 摄影 何晓彦

拍摄数据：相机 尼康 D300 焦距 65mm 速度 1/400 秒 光圈 10 感光度 自动 白平衡 自动

　　宫崎骏拍过一部动画，叫做《天空之城》，这几乎是全世界最著名的动画了，它不仅为孩子们打造了一个梦想的童话世界，甚至感动了无数的成年人，让他们重新拾回对天空的想象与渴望，很多人在看到天空中飘浮的巨大的云朵时都会忍不住在心里大喊一声：哦，拉普达！

　　这片巨大的云层中，必然藏着一座城堡，城堡的周围长着茂密的森林，小河与溪流在其中蜿蜒流淌，大小不一的瀑布在岩石间跌落，这里生长着你没见过的奇花异草，这里常年阳光普照四季如春。

　　地平线放在画面下 1/8 处，突出天空为拍摄对象，减少曝光补偿，使云的层次更加细腻清晰。这是草原上的一片云，隔着车窗拍摄，如果你去草原的话，也一定会遇见它，然后在心中大喊一声：哦，拉普达！

如何拍摄早春的浮云

　　人生若浮云朝露，风吹即散的浮云常给人以飘忽不定、变幻莫测的感觉，因而，用浮云做衬托的风景照片往往呈现出一种逍遥洒脱、天地任我游的肆意与高远。浮云多出现于早春时节，来去倏忽，转瞬即逝，在春风的催促下，它的移动肉眼可见，拍摄时一定要抓准时机。

　　拍摄浮云首先要安排好构图，浮云的色彩比较单一，若以其为拍摄主体未免显得画面单调，因而在构图时要尽量安排一些轮廓清晰的前景。压低地平线，让漂浮着云朵的天空占据画面 2/3 左右的空间，以表现出苍穹的高远。

　　拍摄工具的选择上，广角镜头能突出天空的辽阔，渐变灰镜可以避免照片过曝，偏振镜能阻挡太阳蓝光与紫外线，压低天空影调、提高色彩饱和度以突出白云。拍摄浮云时，提高快门速度，降低感光度，顺光拍摄，可以让云彩更为扎实，蓝天更为通透；或者反其道而行之，用慢速快门表现出云彩的动态感。

　　拍摄时调整相机的白平衡，或者在后期处理时提高照片的色彩饱和度，增强蓝天与白云的对比，用色彩强调画面的视觉冲击效果。

这是祖先留下来的
天空、大地与生活
以及古老而悠远的民谣
每个日落时分　他们都在传唱
唱英雄的故乡和他的死亡
唱母亲的容颜和她的泪水
这样一代一代唱下去
一如这样生活下去
一百年　二百年
千年时光转瞬即逝

《英雄暮歌》 摄影　于庆文

拍摄数据：相机 尼康 D80　焦距 18mm　速度 1/500 秒　光圈 8　感光度 ISO200　曝光补偿 −0.67

　　云层很稀薄，如果将天空作为拍摄主体，画面未免苍白无力，但这样的色调又让我们不忍放弃，于是，拍摄者在画面中安排了吸引观者注意力的前景，侧逆光勾勒其轮廓，剪影与天空形成鲜明对比，却又意外的和谐。因为是在日落时分的弱光环境中拍摄，所以要降低感光度，减少曝光补偿。

《松涛云瀑》 摄影 那静贤

拍摄数据：相机 尼康 D3 焦距 200mm 速度 1/80 秒 光圈 4.5 感光度 ISO200 白平衡 自动

如何拍摄云海

云海，顾名思义，是云与海的合称。云海是山岳风景中的重要景观之一，在一定条件下形成的云层，其云顶高度低于山顶高度，观者在山巅俯视云层时，漫无边际的云仿若大海波起峰涌，这种现象称为"云海"。明月出天山，苍茫云海间。云海由低云组成，通常出现在高山之间，城市中大雾弥漫之时，也会出现"云海"现象。

云海景象大气磅礴，身处其中如临仙境，是摄影人心之所向、梦之所往。拍摄云海对地点、时间的要求极高，在中国，公认的最佳地点为黄山与峨眉山，峨眉山主峰万佛顶与黄山三大主峰（莲花、天都、光明顶）是观测云海的最佳地点。云海多在春秋两季产生，一般来说，每年的 11 月份到第二年 5 月黄山的云海景象最为壮观。

拍摄云海的技巧

1. 在太阳升起前到达拍摄地点。提前到达拍摄地点让摄影人有充分的时间去准备构图，判断太阳升起的方向。日出前半小时是拍摄云海的最佳时间，此时光比小，云海层次分明、色彩丰富，拍摄出的照片画面氛围感强烈。雨后初晴的早晨更易产生云海现象。

2. 登高拍摄。欲穷千里目，更上一层楼。不用怀疑，主峰的制高点一定是拍摄云海的最佳地点。

3. 使用小光圈、低感光度、慢速快门的组合拍摄，以表现云海的动感，此时光照条件极低，三脚架是你必不可少的辅助工具。

4. 因为云层反光的特性，拍摄云海时一定要增加曝光补偿。

5. 光线柔和的环境中，使用点测光模式对天空、云层、远山测光。

6. 逆光拍摄可以增强照片的透视感，丰富画面的层次感，太阳出现在云层边缘时，按下快门能够得到意想不到的效果。

拍摄小清新味道的朵云

近几年在摄影圈中有一个词十分流行，它就是"小清新"。"小清新"这种摄影风格源自于日本，作品以朴素淡雅带有浓浓生活气息的色彩而著称，画面中略微过曝的光线处理以及刻意的虚焦效果使其呈现出一种文艺氛围，因而广受年轻摄影人的追捧。

"小清新"的照片柔情而温和，浅景深、大光圈、细腻的质感，每一个小细节都透着青葱岁月的少年记忆，这种拍摄风格多用于人像摄影，风景摄影中常见于小品和花卉植物。要得到一张小清新的照片，除了巧妙利用光圈、景深和曝光量外，正方形构图也是很关键的一点。拍摄小清新风格的照片时，若将天空作为构图的一部分，朵云的点缀往往能成为锦上添花的一笔，其温柔的形态与色调刚好符合这类照片的主题立意。

拍摄朵云的小心得

1. 注意观察天空，留心形态特别的云朵。
2. 构图要简洁，在小清新风格的照片中，即使画面上只有一朵云一片天，也是可以的。
3. 使用小光圈顺光拍摄。
4. 使用低感光度拍摄，ISO50~100 即可。
5. 利用后期处理软件降低色彩饱和度，使画面呈现出淡雅的日系风格。
6. 用曲线工具调整图层减少对比度，提高画面整体亮度。
7. 少量洋红色的加入可以让照片呈现出些微的胶片质感。

你不能不知道的风景摄影中的"小清新"

拍摄"小清新"风格的风景照片，使用胶片相机要比数码相机来得更加得心应手，我的建议是用胶片相机拍摄后将照片扫描到电脑上进行再次创作，当然，惯用数码单反相机的摄影爱好者也可以在后期处理中得到与之相似的画面效果；多云天气的散射光才是你所需要的光线；选择拍摄主题时，要尽量留意那些色彩明度较高的景物；在晴朗天气的强烈光照环境中拍摄时，使用白色反光板柔化光线。

拍摄技巧小提示

"小清新"风格的照片多采用顺光拍摄，但这并不意味着逆光和侧光不能拍摄此类风格的照片，相反的是，如果将逆光运用得当，照片中的景物反而会呈现出一种半透明的质感，增强你所追求的素净淡雅的画面效果。逆光拍摄时，我们可以使用反光板来为景物正面补光，或者使用曝光补偿功能，但这种方法有时会丢失照片的层次和细节，因而需要谨慎使用。

天空中有一朵云
它在那里 我会为它欣喜
它被风吹散 我会莫名失落
这是我的小情绪、小世界与小清新
我喜欢村上春树与杜拉斯
我听民谣也听摇滚
我爱看独立电影更爱好世界和平
我必然会有一台照相机
可能还是胶片的
关于摄影
我喜欢一个人拍照 一个人欣赏
无人知道也好 无人理解也罢
反正 穿过隧道就是晴天白云

《只是刚好在这里》 摄影 何晓彦

拍摄数据：相机 尼康 D300 焦距 18mm 速度 1/1 000 秒 光圈 11 感光度 ISO320 白平衡 自动 曝光补偿 −0.67

这张照片的主角是画面中间那朵云，所以，我剪掉了多余的部分，用正方形构图让它的形象更加突出，后期处理时不仅调整了色调，更用了胶片滤镜，稍稍压暗四角，让照片看起来有一种旧时光的味道。我用了广角镜头，却舍弃了大场面，因为这样的场景，小清新更加适合。

如何拍摄火烧云

火烧云是日出或日落时出现的赤色云霞，又称为朝霞和晚霞，常见于夏季和秋季雷雨天气后的傍晚时分，高度饱和的色彩和千变万化的形态使其成为风景摄影中最常拍摄的景观之一。拍摄火烧云没有地点的局限性，无论是城市风景还是野外采风，只要有一轮落日一片天，就能得到一张很好的作品。

火烧云的形态变化取决于高空风力的大小，萧红曾在散文中对此做出过描写，云卷云舒，曼妙天边，正是因为其多变的形状让拍摄充满了乐趣，没有重复的火烧云，它是风景摄影永远的主题。

火烧云拍摄经验

1. 使用广角镜头拍摄。横幅构图大气辽阔，竖幅构图展现云层变化。
2. 感光度设置在 ISO100~400 之间最为合适。
3. 利用慢速快门记录下云霞移动轨迹。
4. 逆光下使用点测光拍摄。
5. 选择树木或建筑物作为前景，用剪影增添画面魅力。
6. 选择白平衡包围曝光模式拍摄。
7. 抓住太阳在云层后或云层边缘的瞬间，放射状的光线可以画面营造出一种神圣感。

你不能不知道的风景摄影中的"火烧云"

拍摄火烧云的最佳时间是在日落后 15-30 分钟，在霞光的晕染下，云层完全变成金黄色，此时拍摄出的照片色调绚丽饱满，画面生动丰富；拍摄火烧云时，画面中其实不宜出现太阳，否则会影响曝光和成像效果，我们可以将其排除在构图之外，或者巧妙利用前景将其遮挡起来；后期处理的时候试试反转片效果，照片的影调层次会有意想不到的变化。

拍摄技巧小提示

日出日落时，太阳光线看似柔和，但如果不做好保护措施，它同样会伤害你的眼睛。日出时，太阳接近地平线，这时透过取景器观察并没有什么危险，但是，摄影人要清楚一点，那就是日出的时间非常快，有时几分钟不到阳光就会变得非常强烈，如果没有注意到这一点，还在用取景器直接观察太阳那就危险了，尤其是那些使用长焦镜头的摄影爱好者，强烈的阳光会损坏相机是一方面，更重要的是，你的眼睛也会受到一定程度的伤害。

《火烧云》摄影 张广慧

拍摄数据：相机 尼康 D80 焦距 18mm 速度 1/60 秒 光圈 8 感光度 ISO100 白平衡 自动 曝光补偿 −1

　　如果你正在草原上采风，你一定会希望阴天多于晴天，为什么呢？因为草原上的云实在太过壮丽而多变。最好是早晚多云，上午晴朗，午后再来一场急雨，雨水冲刷过的天空和草原澄练透彻，天边一道彩虹斜挂……摄影人有时真的是很贪心，恨不得自己是万能的上帝或者宙斯，要风得风要雨得雨，这里缺一道闪电，那里少一匹野马，殊不知，拍摄风景并非执笔作画，想要什么就有什么，摄影是更加客观的，风景需耐心等待或细心寻找。

　　经过一番观察寻找，终于看到一片正在燃烧的火烧云，云朵在夕阳的映照下呈现出绚丽多姿的色彩和形态，刚好，在这片云层有几个蒙古包，可以帮助构图，用广角镜头捕捉下这个画面，降低了曝光补偿和快门速度，云的层次和影调更加细腻清晰。因为是广角仰拍，画面中的云朵呈现出一种聚集的形态，视觉效果更加强烈。

雾 — 虚幻的魅力 清晰与不清晰

莱辛说过，艺术家的作品之所以被创造出来，并不是让人一看了事，还要让人玩味，而且长期反复地玩味。值得玩味的事物往往不能一目了然。艺术与现实世界的不同正在于其虚幻的魅力，花非花，雾非雾，夜半来，天明去，恰似梦一场，这才是艺术给予人们的理想与满足。不确定的世界值得想象，不确定的未来值得追求，而不确定的风景，才值得回味。

风景摄影中，多数摄影人追求的是清晰的画面，高饱和度、高锐度、高画质、高对比度，这"高"却成了高处不胜寒，为了追求这样的效果，摄影人对器材的要求也越来越"高"，似乎只有做到了没有一个噪点、没有一丝眩光，精确到分毫的细节都清晰明了才能满足，殊不知，这清晰却失了玩味的价值。多数情况下，犹抱琵琶半遮面才能吸引观者一窥究竟。

什么样的画面才能引发观者的兴趣呢？将照片拍得模糊？容易，晃动相机使其失焦即可，但这样做虽得了"意"却失了"形"，拿捏不好分寸会让观者一头雾水；用大光圈虚化背景与前景？也不失为一种好方法，但却存在一定局限性，尤其是拍摄一些大场面的风景时，这种方法极不可取。有没有一种方法，能让照片介乎于清晰与不清晰之间，营造出一种似是而非的意境呢？大自然的慷慨无私为我们解决了这个问题，雾，犹若美人面纱，将风景藏在袅袅薄云之后，引发观者的无限想象，它是拍摄奇景的天然调味剂。

雾气多出现于山区和平原的结合地带，有时，气温急剧下降使空气中的湿气聚集也能形成低雾现象。城市中，大量的烟尘悬浮物和汽车尾气等污染物在低气压条件下聚集不散，会形成烟雾现象，虽然给人们的生活带来诸多不便，但对于摄影人而言却是难得的景观。

雾气中弥漫着许多反光物质，会产生大量的散射光，故而，在拍摄时要格外注意曝光的准确性。

拍摄技巧小提示

雾景通常使用点测光模式拍摄，在单反数码摄影中，这种测光方式一般会配合相机的曝光锁定功能一起使用，先用点测光对被摄主体测光，然后使用曝光锁定功能锁定对曝光主体的测光数据，最后根据摄影人的拍摄意图重新构图拍摄。使用点测光模式拍摄可以确保被摄主体准确曝光，更好地表现出拍摄主题。

《迷雾》 摄影 何晓彦

拍摄数据：相机 尼康 D300 焦距 140mm 速度 1/80 秒 光圈 6 感光度 ISO160 曝光补偿 −1.33

　　这张照片若没有山间缭绕的晨雾，必然会逊色不少，因为山林间的色调太过浓郁和相似了，相近的色调和影调会让画面失了层次感，而借助雾的遮挡，若隐若现的山峦和树木瞬间拉开了空间感，也为照片增添了神秘的氛围。在山林中生活的人称这种雾气为山岚，认为其中藏着无数精怪，是魑魅魍魉呼出的气结成了雾，走进这种雾气中便是走入了另一个世界，再也没有回来的可能。如此想来，这张照片瞬时多了一种阴森的味道，在那片雾气中，究竟藏着多少数百年来消失的人呢？他们至今还在那里徘徊迷茫吗？

利用雾拍摄山林风景

在山林中拍摄时，最难得的是邂逅雨雾天气，很多极富水墨画韵味的山林风光照片都是由云雾烘托映衬而成。山中的云雾称为山岚，山岚突起，际会风云，受山风的影响，山雾时高时低、时薄时厚，瞬息万变，雾中的景物也随之若隐若现，拍摄时要用较高的快门速度抓住雾气散开的瞬间，这样的画面迷离且具动感。山雾还可以增加画面的空间感和层次感，改变景物的本来面貌。

拍摄山雾缭绕的照片时要适当增加曝光补偿，用大面积的浅色调来突出被摄主体，增加画面的纵深感和透视感。摄影人可以考虑将相机调至黑白模式拍摄，无需后期处理，在此模式下获得的照片自然具有中国水墨画韵味。

需要特别注意的是，林区的空气湿度极高，大雾天气中更甚平常，拍摄时要为相机增加防潮措施，拍摄结束后，则须进行去湿处理。

你不能不知道的风景摄影中的"山雾"

有风的天气更适合拍摄雾景，风的流动能加速雾气的变化，让风景在短时间内呈现出完全不同的面貌，因而，在山林中拍摄雾景时我们不必频繁地更换拍摄位置，改变拍摄角度，只要站在那里，景观自身便会发生变化，随着风向的改变，这种变化更是时时不同。

《风起》摄影 张广慧

拍摄数据：相机 尼康 D80 焦距 31mm 速度 1/1 600 秒 光圈 8 感光度 ISO200 曝光补偿 −0.33

同样是云雾缭绕山间的景观，这张照片要比上一张来得温暖多了，因为有阳光。有了光的辅助，我们可以营造出千变万化的画面效果，而阳光与雾，是最好的搭档。这是一张层次非常丰富的风景照片，天空、远山、晨雾、远处的树林、近处的树木，以及草地，每一处景物都更进一步地增加了画面的空间感与纵深感。因为有了雾气过渡，如此丰富的景物安排在一起也不会显得杂乱，借助雾气的融合，照片色调的变化也柔和而自然。对于摄影人而言，雾气就像天然的滤镜帮助我们对画面进行艺术处理，让照片上升到作品的层次。

拍摄晨雾与太阳

雾是由地面上的水蒸发凝结成细小的水滴而形成的，当空气与地面温度接近时，水蒸气上升到高空成云；若空气相对寒冷，水蒸气则漂浮在地面为雾。所以说，雾是地上的云，置身大雾之中，仿若云中漫步。秋冬季节地面温度较低，是最常产生大雾天气的季节；黎明时分地面热量散发升空，温度降低水汽凝聚也会形成雾霭蒙蒙的景象。晨雾的折射和散射让日出时瞬息万变的光线更加莫测，好像恋人的面庞一般捉摸不定，此时拍摄更易得到与众不同的风景作品。

拍摄晨雾需要注意的是，当太阳完全升起雾便会消散，来也匆匆去也匆匆是晨雾最大的特点，因而摄影人要充分利用有限时间把握稍纵即逝的机会，果断按下快门。数码摄影的优势就在于若拍摄时构图不甚满意，可以在后期处理中任意剪裁修改，拜其所赐，让我们在拍摄晨雾时少了一丝顾虑，有更多时间去思考曝光问题。

白雾缭绕的清晨，大部分环境被雾气所笼罩，光线亮度极低，天地一片苍茫的浅色调会影响相机的测光值，因而，在拍摄晨雾景观时需增加1/3EV值的曝光补偿，避免画面欠曝。

太阳刚刚升起时，逆光或侧光拍摄可以增加画面的透视效果。有雾气的遮挡和折射，阳光穿透景物时更加柔和而富于变化，从而营造出一种似真似假、若即若离的画面效果。

大雨后的清晨极易产生雾气，依海临江的低洼地区是拍摄雾景的理想地点。

大雾天气能见度较低，摄影人要观察周边环境变化，注意自身安全。

你不能不知道的风景摄影中的"晨雾"

晨曦中拍摄雾景，侧逆光的机位是最好的拍摄角度，选择这种光源拍摄大雾中的景观，画面的层次会更加丰富，明暗影调的对比也更加自然，通过雾气的柔和过渡，画面中前景、中景、远景在色调和影调上的区别会更加清晰，从而增强了照片的空间纵深感。

拍摄技巧小提示

拍摄晨雾时，你是否发现照片的色调总是偏蓝呢？这是由于太阳升起前色温较高的缘故造成的。一般情况下，这种偏蓝的色调可以衬托出雾景的清冷素净之感，十分适合打造冷调摄影作品，当然，如果你想去除这种蓝色也是非常简单的，只要将相机的白平衡选项调至阴天模式，画面中自然会增加出黄色调来平衡蓝色，使雾气呈现出偏白的颜色。

《江畔寒冬》 摄影 李长江

拍摄数据：相机 尼康 D300s 焦距 32mm 速度 1/400 秒 光圈 11 感光度 ISO200 白平衡 自动

在冰封的冬日　追寻阳光
因为美慕　所以意图靠近
因为美慕　所以不忍碰触
太过美好的事物我们都不忍碰触
怕一碰即碎
像清晨的雾霭
像水中的波光
一碰就碎的还有我们脆弱的情感
言语、眼神、怀疑与任何过度亲密的行为
都可以毫不费力地击碎它
就像子弹穿过枕头击中头颅
无声　却致命

《白日诗歌》 摄影 唐天启

拍摄数据：相机 尼康 D80 焦距 38mm 速度 1/160 秒 光圈 6.3 感光度 ISO125 白平衡 手动 曝光补偿 −0.33

浓雾渐薄 —— 雾景拍摄中的时机

　　风景摄影中的雾景作品大多是在薄雾天气中拍摄的，雾气若是过于浓重，会降低能见度，取景框中除距离最近的前景外，中景和远景都无法得到表现，而中景和远景都是表现风景纵深感必不可少的画面元素。另外，在这种极度弱光的环境中，画面的质感也会大幅度降低。

　　浓雾天气不适合拍摄也并非绝对，情到浓时情转薄，世事物极必反，非到极致才能转性，浓雾渐薄时风景若隐若现同样是创作的好时机。这样的天气中，等待是拍摄的前提。摄影人需要明了的是，这里的"等待"并非盲目的伺机，拍摄雾景应预先考察取景地点，清楚拍摄对象的方位，架好相机，做好构图，静候迷雾的聚散离合，当被摄体出现在雾气减薄的间隙中，准确无误地按下快门。我们常说，机会不给没有准备的人预留席位，在风景摄影中，这句话同样适用。

　　雾气变幻莫测，为了适应这种变化，手动选择自动对焦点可以提高拍摄的成功率；为了凸显景物与大雾的反差，点测光是一个很好的拍摄选择。

　　除三脚架外，滤光镜也是拍摄雾景时常用的辅助工具。若想减弱浓雾效果，可用黄滤光镜和橙滤光镜吸收蓝光，提高光线穿透力；如需增强雾气弥漫的画面效果，则用蓝滤光镜或雾镜。

你不能不知道的风景摄影中的"雾的种类"

　　雾气分为很多类别，不一样的雾气适合拍摄的题材也是不同的。一般情况下，拍摄大场景的风景照片时，薄雾和流动的雾气更能衬托出风景的气势恢弘，让空旷的景色更加寂寥，庞大的景物更加肃穆；而在大雾或浓雾天气中，我们很难辨别远处的风景，所以拍摄对象应以近景为主，在这种天气中，大雾掩盖了杂乱的环境，帮助我们剔除了不必要的画面元素，最适合拍摄小品或特写这一类题材的风景照片。

利用雾增添照片氛围

判定一张风景照片好坏的标准很多，包括曝光、色彩、构图、拍摄对象以及后期处理等各方面因素，因各人阅历和审美倾向的差异，这些标准在不同人眼中的定位大相径庭，一千个人眼中有一千个哈姆雷特，每个都有其存在的理由，你很难去评断哪个是好哪个是坏，是与非本来就是相对相生，而万殊之妙归于一处皆逃不了一个词的纠葛：味道。

"味道"不止甜酸苦辣，更多时候，它是一种感觉，是人们对所见所闻从心而发作出反应的一种感受，它直击思想，敲打灵魂。风景摄影作品可以根据"味道"分出诸多类别，如明媚、温暖、淡雅、清新，或沉郁、忧伤、苍茫、压抑，这些风格的照片中都有显著的特征元素作为增添"味道"的"调味剂"，而雾，是用到最多的一个。

同样的大雾，由于曝光和构图的不同，在画面中呈现出的效果天差地别，或高调，或低调，完全在于摄影人的操作。通常雾景照片都以浅色调为主，因而在拍摄时要适当增加 1/3EV 值的曝光量，这样深色调较少的照片就是高调作品。拍摄此类作品时要注意防止曝光过度，测光模式选择 3D 矩阵测光即可；色温方面，自动白平衡就可以保证色彩的正常还原。雾景拍摄中色彩变化较少，因而，用黑白影像来表现风景的韵味也是一个不错的选择，摄影人可以在操作菜单中选择黑白模式或者通过图像软件后期处理得到一张独具水墨画韵味的雾景照片。

多数风景摄影作品中避之不及的噪点在雾景拍摄中反而能发挥其别具一格的魅力，画面上的小颗粒可以增强雾的质感，而想要得到噪点的方法很简单，调高感光度就可以了。

雾景拍摄时最重要的是抓住反差，一片白茫茫的画面确实飘渺，却也乏味，让观者过目即忘，如白开水般没有味道。拍摄时，在前景中纳入色彩较为鲜艳的植物花草，或是轮廓分明、具备线条感的建筑物作为视觉兴趣点，可以增强画面的对比度。浓雾掩盖了天地间的一切，只剩一个轮廓或是半面剪影，若隐若现，摄影人可以利用这点，让照片更具趣味性。

雾，是流动的水汽，摄影人可以将其想象成漂浮在半空中的海洋，或浓或淡的雾气便是海洋中起伏的波浪，拍摄流水时我们最喜欢用长时间曝光来凝固画面，了解雾气不停流动的这一特征后，同样的方法也可以应用在雾景拍摄中。当然，在这种弱光环境中使用慢速快门拍摄，三脚架又成为你必不可少的助手了。

拍摄技巧小提示

拍摄雾景时，尽量不要使用长焦镜头，长焦镜头会增加雾的密度，使薄雾变成浓雾，降低照片的层次感。在雾气较大、能见度较差的环境中，为了确保画面中的景深，应尽量使用小光圈进行拍摄，由于使用小光圈拍摄时快门速度相对较慢，摄影人必须使用三脚架支撑相机。

《国境以南》 摄影 唐天启

拍摄数据：相机尼康 D80 焦距 60mm 速度1/400 秒 光圈 5.6 感光度ISO200 白平衡手动

谁说拍摄雾景一定是白茫茫的一片天地，艳丽的色彩反而更能与雾气形成鲜明对比。这张照片的色调是电脑后期处理出来的，用了反转片的模式，色彩的对比让画面中的线条更加明晰，江边的残冰曲折起伏，形成了一条很好的引导线，景观的变化由远及近形成了一个优美的 S 形，增强了画面的纵深感。

S 形的线条可能让人忽略了这张照片在构图时还借鉴了"三分法"原则，将视线移至画面上 1/3 处，远处的树木在雾气中若隐若现，太阳呈现出一个规则的圆形，尽管有些暗淡，却与画面色彩相得益彰。

恶劣天气中拍摄低调照片

多数摄影人习惯在风和日丽的晴好天气外出采风，因为晴天光照充足、能见度高、对比强烈、拍摄难度小，适宜拍摄"糖水片"和大场面的风景，只是，这样的照片虽色彩艳丽赏心悦目，却很难给观者留下深刻的印象。可以说，晴朗天气处处是风景，却多为过路风景。

通常，能给观者留下深刻印象的风景摄影作品多为低调照片。低调照片又称为暗调照片，指影调浓重的摄影作品，此类照片格调庄严肃穆、雄浑大气，给人以凝重静谧的氛围感，既可增添风景的"重量"，又易引发观者的情感共鸣。自然风光摄影中，低调照片多在恶劣天气条件中或特殊时段下获得，这也是为什么经验丰富的摄影人常常说恶劣天气出好片的原因。

云层较厚的阴雨天气空气湿度大，水汽会减弱反射光，使光线柔和，利于拍摄反差小、层次丰富、着重细节表现的小品，光量的变化有助于增强景物的空间感和距离感。阴天光线较暗，建议使用大光圈、慢速度进行拍摄。

我们常常看到一些风景照片捕捉到这样一个瞬间：阴云密布的天空中，一束阳光穿透厚厚的云层射入大地，被其照亮的那一片土地仿若受到神的眷顾，高尚、圣洁，整个画面给人以洗净灵魂的冲击感和震撼力。风景摄影中称这种光线为区域光，又作舞台光，指景物的某一区域被光线照亮。区域光最常出现在雷阵雨前，这时云层厚、风力大，云块在风力作用下运动速度较快，光照环境变化大，为摄影人提供了更多的拍摄机会。

阴天拍摄"低调照片"要注意以下几点

1. 使用大光圈拍摄。阴雨天气光照条件差，应尽量使用镜头的最大光圈，如 F2.8 的光圈进行拍摄。
2. 降低曝光补偿以增强对比度，表现浓重的环境氛围。
3. 慢速快门凝固风雨的瞬间。
4. 使用三脚架或"豆袋"支撑相机。
5. 做好相机和镜头的防水防潮措施。

拍摄技巧小提示

阴雨天气的天空色调灰暗，给人以沉闷、抑郁的心理感受，所以，摄影人若不是刻意追求这种压抑的画面感，构图时应提高机位，以地面上的景物为拍摄主体，尽量避免让天空在画面中占据较大的空间。这种天气中，空气中的水汽较多，景物的反光会有所不同，镜头的进光量也会发生较为明显的变化，摄影人要利用这种变化增强画面中景色的空间感，一个好的前景是强调空间感与距离感的最佳元素。

《永远的终点》摄影 霍英

拍摄数据：相机 尼康 D7000 焦距 18mm 速度 1/2 000 秒 光圈 8 感光度 ISO100 白平衡 自动 曝光补偿 −0.67

一辆被欢笑遗弃的游车 我们是它最后一班乘客
沉默而又小心翼翼地坐在各自的位置上
车开得不快 时间却飞速后退 大概因为年华跑得太快
我们的容颜、记忆、谈话和神情一起衰老了去……
我小心踏上台阶 你的额梢爬上一条皱纹
我转身跨过海洋 你的眼角徒增一份无奈
我挥挥手 把气球放走 你轻轻笑 将掌纹摊开
深刻交错的掌纹中 记载着所有我牵你走过的岁月
这是最后一段旅途 但却没有终点
这张在弱光环境中拍摄的低调照片，整体氛围是孤独、忧伤的，苍白暗淡的太阳没有起到温暖画面的作用，反而增添了一丝暮年多病的无奈。

如何拍摄闪电

"等待下雨，乌黑的云。在远方集结，在喜马万山上。林莽蜷伏着，沉默地蜷伏着。于是雷说话了。"

——T. S. 艾略特《荒原》

大自然的迷人之处在于其瞬息万变，上一秒还是艳阳高照，下一秒就风起云涌，不断变化的世界由无数个永恒的停留集结而成，摄影人所做的就是抓住这瞬间的永恒。画面上凝固的景色或隽永秀丽令人过目难忘，或大气磅礴使人心生敬畏，这章要教会大家抓住的瞬间，是让人措手不及的轰然与震撼。

暴雨前电闪雷鸣的景色不仅让观者在视觉上措不及防，更是对摄影人的挑战，除了对拍摄技巧上的严苛要求外，拍摄时机与拍摄工具也十分重要。想要抓住闪电划破长空的画面，首先要准备一台具备长时间曝光设置的单反数码相机以及一支稳固的三脚架，相机要求可控性较高并且操作简单方便，用于 B 门拍摄的遥控器也是必不可少的。镜头方面，一支覆盖广角与长焦焦段的变焦镜头是拍摄闪电的最佳选择，在雷雨天不可预知的变化中，我们要做好随时改变取景对象和构图的准备。

拍摄工具准备妥当，接下来要考虑的就是拍摄时机了，夏季是雷雨天气最常出现的季节，只要留心天气预报，就可以为拍摄闪电提前做好准备。闪电拍摄的最佳时间是在夜晚，白天背景光线过亮，闪电出现的速度又极快，肉眼察觉到时再按下快门闪电已经消失不见，即使侥幸抓住一张，也很难区别闪电与天空的亮度，相较之下，夜空中的闪电来得更加生动而震撼。

雨夜闪电拍摄技巧

1. 选择一个闪电可能出现的地点（通常是有高压线或建筑物极高的地方），支好三脚架，做好防雨措施，将镜头对准天空，耐心等待。

2. 将快门设置为 B 或 T，焦距调至无穷远。部分数码单反相机没有独立的 B 门模式，需要在 M 档下把前转轮一直往左拨，直至液晶屏上显示 Blub。

3. 感光度调至 ISO 100 即可，闪电要比你想象中的亮得多。

4. 使用小光圈拍摄。根据拍摄距离选择，距离闪电 10km 处将光圈调至 F8 或 F11 即可，这样在长时间曝光中也可以得到不错的画面质量。

5. 雷声是很好的提示，两声轰鸣之间是闪电最常出现的时机。

6. 掌握好闪电出现的规律。风雨交加的夜晚，闪电是流动的，它的出现具有连贯性，观察到远处有电光时按下快门，不久就会有一道强劲的闪电在近处出现，此时松开快门，相机已经曝光 10~15 秒以上，这时拍摄到的闪电亮度恰到好处，城市背景也不会过曝。当然，成功的几率不是百分之百的，摄影人要有足够的耐心反复拍摄。

7. 拍摄闪电也可以使用多次曝光法，先拍摄背景，当闪电出现时二次曝光。

8. 切莫局限思维，雷雨天可拍摄的不只是闪电，被电光照亮的云层同样具有震撼力。

最后，也是最重要的一点，拍摄闪电一定要注意自身安全，不宜在距离闪电过近的地方拍摄，不要在开阔的平地拍摄，谁也不能保证自己人品好到老天绝对不会劈你，凡事还是小心为妙。

荒原上　你招来一阵急雨　将我从头至脚个彻底
这还不算完　又要唤那劲风　吹我个透心凉……
我抖抖瑟瑟地站在那儿
动也不敢动
生怕一个不留神　您又大发雷霆
用闪电劈开参天大树　对世人大喊大叫
不断揣测接下来的惩罚是什么
不断费解为何我会甘愿受制于此
却不想
你轻轻起身让出一片阳光
温柔拂去我发梢冰冷
你在微笑　我在惶恐　不知何时又翻脸
爱的就是你这捉摸不透的变化

《摇曳》 摄影 陈艳秋

拍摄数据：相机 佳能 5D Ⅱ　焦距 无穷远　速度 B 门　光圈 8　感光度 ISO200　白平衡 自动

拍摄雨中的风景

雨中的风景是窃窃私语。需细心，才能聆听得到。

雨中拍摄首先要明确一点，我们的拍摄对象是什么？仅仅是雨丝，还是被雨露浸润的世界？若观雨仅是雨，那你所见只是天地间的一场飘泼；将雨看作画笔，才能重新审视被其渲染的万物。如何让这画笔在镜头中显现，需费得一番苦心。

雨中拍摄技巧

1. 做好相机的防水防潮保护措施。雨中拍摄首要也是最重要的就是要做好相机的保护措施，毕竟要拍得一张照片首先要以一台能用的相机为前提，而单反数码相机一旦进水就相当于报废。为相机配置一个防水套，或者将相机固定在伞柄上，前者更方便一些，这是拍摄必须的准备工作。

2. 拉开镜头和雨滴之间的距离。当镜头和雨水之间的距离过近时，一滴很小的雨点也会遮住远处的景物，当然，也有不少摄影人追求这种效果刻意而为之。

3. 勿以天空为背景。拍摄雨景应尽量选择深色背景来衬托明亮的雨丝。

4. 选择适当的快门速度。想要得到雨线成丝、朦胧而不模糊的画面的关键就是掌握好快门速度，快门速度过高会将雨水凝固成点，快门速度过低会使雨水拉长成条，两者都不会是摄影人满意的画面效果。经验所得，1/30 秒 ~1/60 秒的快门速度最适合用来拍摄雨滴，既能呈现出落雨连线的画面感，又可以强调出雨水降落的动感，"斜风细雨不须归"的诗情画意翩然纸上，条件允许的话，使用三脚架可以让画面更加清晰。

5. 曝光"宁欠勿过"。雨天地面与天空亮度差别较大，应以地面景物或拍摄主体的亮度为测光依据，而在大雨中景物反差较小，曝光过度会使反差更小，照片看起来灰暗模糊，此时，遵循"宁欠勿过"的原则，可以使高光层次得到一定保留，暗区损失也相对较少，画面的不足之处可以在后期处理中通过修改对比度得到校正。

6. 使用 RAW 格式拍摄或者选择包围曝光法，增加保险系数。

7. 手动调节白平衡。雨天色温不平衡，手动调节白平衡不仅可以校正色差，亦可以根据拍摄者的创作需求得到各种不同的画面效果。

8. 用对比手法突出主体。利用景深突出主体或在画面中纳入鲜艳的颜色，可以打破雨天沉闷的氛围，让照片的整体格调生动起来。

9. 借助道具。雨伞是雨中拍摄最好的主题之一，带上一把七彩雨伞，不必天晴，也有彩虹。

10. 透过玻璃拍摄。拍摄雨景并不一定要走出门去，在玻璃上涂上薄薄的一层油，让水珠凝固在玻璃窗上，透过晶莹的水滴拍摄窗外的过路风景，可以轻易得到一张雨中虚实结合、似梦似幻的照片。

11. 利用水中的倒影。雨天路面上的积水是大自然打造的一面镜子，将天地间万物折射成两个世界，我们不必一定要徘徊于现实的世界中寻找风景，将镜头投向那面"镜子"，倒置的世界会给你意外的惊喜。

12. 雨夜拍摄。雨中的城市夜景要比平时来得更加绚烂，水的折射会将灯火的魅力扩大数倍。

《雨夜》 摄影 冯慧云

拍摄数据：相机 尼康 D700 焦距 24mm 速度 1/25 秒 光圈 5.6 感光度 ISO5 000 白平衡 手动 曝光补偿 −0.33

　　提及雨天，你一定会想到阴暗的天空、翻滚的黑云、闪电和街上行人匆匆的身影，雨天的画面是孤独、寂寞、暗淡的，但这只是白日里的印象，入了夜则是另外一番风景。

　　城市的夜晚由无数灯火点亮，被雨水浸润的路面会折射这些灯光，尤其是光滑的石头路面，在倒影中，光线被放大了不止一倍，这些光线让画面更加绚烂。人造光源不同于日光，它的色彩更为丰富，在霓虹灯的照射下，夜晚的城市显得迷离而梦幻，在这个春风沉醉的雨夜中，一切都有可能发生，爱情就在街的转角。

《晨光》 摄影 赵洪超

拍摄数据：相机 佳能 5D Ⅱ　焦距 35mm　速度 1/13 秒　光圈 16　感光度 ISO200　曝光补偿 0.33

拍摄雨后的风景

　　如果说雨中拍摄是作一首随性即发的诗，那么雨后对景物的观察就是叙事般的娓娓道来，我们有足够的时间和条件去观察那些雨后洗刷一新的景色，用镜头记录一个个完整的故事。雨后的拍摄对象有很多，叶片上剔透晶莹的水珠、水洼中蓝天白云的倒影、横跨天幕的彩虹、马路上反射阳光的砖块……拍摄雨后风景的关键，在于捕捉景物的细节，这种细节适宜通过特写和小品两种拍摄方式来表现。

　　夏季雨后天空中往往还有积云存在，太阳躲在云后，光线充足而不刺目，能见度高，景物颜色鲜明艳丽，基本上没有什么拍摄难度，被摄体自身的反光与映射反而会为拍摄增添更多的惊喜，带上微距镜头走出门去，会发现沾染水汽的世界是如此的绚丽多姿，墙角的蜘蛛网都能成为一道难得的风景。

　　夏季多阵雨和暴风雨，阵雨过后的光线柔和自然，而暴风雨肆虐后的阳光强烈炫目，在太阳刚刚崭露头角时拍摄，得到的照片往往是令人叹为观止的，需注意的是，这样的阳光也是摄影人最大的敌人，拍摄时遮光罩与偏振镜都是必不可少的辅助工具。

　　赤橙黄绿青蓝紫，谁持彩练当空舞。雨后的风景怎能少得了那一抹虹影。彩虹多出现在暴雨后，其出现到消失往往不过几分钟甚至几秒中，因而摄影人要抓住这短暂的停留，尽可能地多按快门以量取胜。雨后彩虹横贯天地，状如长龙吸水，其浩瀚气势易以广角镜头采之。拍摄彩虹最易出现的问题就是曝光不准确，暴雨后光线难测，而虹影又若隐若现、似有似无，这种情况下，采用包围曝光法是最保险的。

拍摄技巧小提示

　　彩虹是水汽在阳光照射下形成的，一定意义上来说它是一个虚幻的存在，其半透明的形态要求我们在拍摄时一定要安排好背景来衬托它的色彩，所以拍摄彩虹时的背景要以深色为主，必要时，使用偏振镜压暗天空。记住，拍摄彩虹时一定要将其与景观环境结合起来，不然只有一条彩虹悬挂空中，画面难免单调无聊。

冰雪风景拍摄

能在顷刻间改变世界的是什么？地震？海啸？还是战火纷争？须臾之间，片刻白雪。

雪是最神奇的魔术师，细细薄薄入掌即化，微小而不足为挂，聚集在一起却能掩盖这世间所有的丑恶。这神奇值得所有人去赞美，诗人颂歌，画家泼墨，我们拍摄。

冰雪拍摄有一定的难度，首先要做到的就是曝光的准确。天地之间白茫茫一片时反光强、亮度高、明暗对比强烈，数码单反相机在测光设计上都是以 18% 灰的反射率为基准的，雪地的反光率超过了相机的计算范围，因而在拍摄雪景时按正常标准测光绝对不会得到准确的曝光，此时，曝光补偿是必须的，这点与雾景拍摄有些相似，只是雪景更亮也更炫目。

曝光补偿如何设置，"白加黑减"是一条很好的定律，摄影人可以根据环境光线的强弱，适度增加曝光补偿，参考如下：

1. 拍摄晴朗天气下的雪景，曝光补偿 +3EV

2. 拍摄多云天气下的雪景，曝光补偿 +2EV

3. 拍摄阴天或阴影下的雪景，曝光补偿 +1EV

想要得到一张正确曝光的雪景照片，除了增加曝光补偿外，也可以通过对拍摄场景中的最暗区测光然后锁定测光重新构图来获得。达到曝光准确的目的后，其他拍摄注意事项相对而言就简单得多了，这里列举几条以供参考：

1. 拍摄时间以早晚为宜。顺光或直射光不宜表现雪的质感，清晨和傍晚的侧光或逆光更加适宜拍摄，斜阳下景物狭长的投影能增加画面的立体感，与雪地形成鲜明对比，达到明暗的平衡。

2. 拍摄场景的选择上，远景和全景利于制造气势，展现北国风光"山舞银蛇、原驰蜡象"之壮美；而对雪地中一些顽强生存的植物的特写，则更易引发观者对生命的感喟，从而使作品更具感染力。

3. 雪地中极易留下线条和足迹，这些都是构图的好帮手，可以增加画面的纵深感，因而要留意取景框中人类活动的痕迹。

4. 使用偏振镜可以吸收雪地反射的偏振光，降低亮度，增加饱和度以及增强蓝天与雪地的反差，同时亦能防止雪水进入镜头。

5. 为了防止色彩失真可以使用相机的自定义白平衡功能。

6. 拍摄漫天飞雪时，首先要选择一处暗背景来突出白雪，快门速度不宜太高，这样能使飞舞的雪花形成线条增强动感，一般在 1/60 秒以下即可。

7. 最后需要注意的就是相机的保护，冬季室内外温差极大，将相机带入室内后温度的急剧升高会使相机内部产生水蒸汽，从而导致镜头或电路的损坏，因而，在室外拍摄时要做好相机的保暖措施，拍摄完毕进入室内前将相机放入包内或预先准备的塑料袋中，保证相机缓慢适应温差的变化。不要忘记多带几块备用电池，低温下电池的续航能力也是极差的。

《雪乡》摄影 李继强

拍摄数据:相机 三星 GX10 焦距 60mm 速度 1/500 秒 光圈 7.1 感光度 ISO100 白平衡 自动

又是一张胜在构图的照片,画面进行了后期剪裁,突出了积雪 S 形的曲线,这条曲线既可以作为引导线吸引观者视线,又能帮助切割画面,让构图左侧红色的灯笼与白雪的对比更加明确而强烈。侧光拍摄,用雪地中的阴影营造画面层次感;拍摄者使用了手动曝光模式,以保证雪地色彩真实还原。这张照片的感光度并不高,我们可以看到画面质感十分细腻,拍摄雪景时应该注意到这点,环境亮度足够的情况下,要尽可能地降低感光度。

勘地

"地者，高下，远近、险易、广狭、死生也。"
——《孙子兵法》

　　古有"父天而母地"的说法，人们敬畏天空而崇拜大地，认为大地孕育了万物，人受大地母亲的馈赠与恩泽，就应尊重与回报，地上万物皆生灵。而对于摄影人而言，拍摄自然风景，拍摄这大地上的一切，就是寻找它们的灵魂，一张照片最重要的，也是它的灵魂。

　　地，并非局限于脚下一方寸土，在古文中，大地是普天之下的意思，勘地，是勘察探索这天下的景色，四方水土，山川河流，草长莺飞，小桥流水，都在我们的探索范围内，根据不同的风景选择不同的拍摄方式，即是"勘地"的根本。地，也作地势之意，观察地势的远近、高低、平坦与险峻、广阔与狭窄，是摄影人选择拍摄角度与构图的基础，惟有充分了解拍摄环境，才能让画意了然于心。

向亚当斯学习拍摄山脉

拍摄山林风景可以达到一个什么样的境界？在约塞密提国家公园，有一座山峰以安塞尔·亚当斯命名，有一片荒原以安塞尔·亚当斯命名，在全世界的摄影人认识中，只要提到山，就会想到亚当斯。

亚当斯的山，是黑白影像的山，是月空下寂寥耸立的山峰，是云雾中若隐若现的山尖，是白云苍穹下连绵起伏的山脊，是千百年静静流淌的山泉，是午夜时分窃窃私语的山林……对于亚当斯而言，山林中的一切，都是有灵魂的，那里的风景穷其人的短暂一生也拍摄不尽。亚当斯的风景中没有人物，也与社会历史毫不相连，他纯粹的摄影手法影响了无数的艺术家，包括李安的《断背山》的灵感来源，亦是源自亚当斯——上调镜头，将视觉重点放在天空而非地面，让留白延伸画面的意境。

亚当斯独具魅力的风景摄影作品，无论后人如何模仿，都无法超越，而今许多摄影理论和拍摄技巧，皆是源自于这位老人。我们可以总结一些以供摄影人参考：

1. 使用区域曝光法。延伸至数码摄影时代成为我们惯用的点测光模式的基础。

2. 运用前景制造层次感。

3. 上调镜头，为画面留白。

4. 砍掉无谓的多余的画面语言。

5. 利用光影和色彩的对比增强视觉冲击力，增添故事感。

6. 注意细节，着重表现景物的纹理和质感，这在拍摄山崖岩石时尤为重要。

7. 广角镜头赋予山脉的魅力是无可取代的。

安塞尔·亚当斯在14岁那年爱上了约塞密提的山，约塞密提成就了他伟大的摄影人生，同时，亦以他为荣，以他闻名。

拍摄山林风景，首先，要恋上一座峰峦。

《呐喊无声》摄影 霍英

拍摄数据：相机 尼康 D7000 焦距26mm 速度 1/500秒 光圈8 感光度 ISO100 白平衡手动 曝光补偿 -1

这是一张非常有"亚当斯风格"的照片，或者更确切一点说，当一切拍摄山林原野风景的照片洗去颜色时，都会隐隐透露出一些亚当斯的影子。

山林风景拍摄
一 不识庐山真面目

不识庐山真面目，只缘身在此山中。拍摄山峦叠翠，首先，要脱身而出置于山外，才能将风景一览无遗。

拍摄山景最好不要以一般人游览山色的角度去观察，视觉受局限是其一，构图也会因缺乏新意而索然无味，照片平淡无奇而没有震撼力可言，所以，拍山一定要不怕辛劳，须得一番攀爬，登高俯拍才能一览众山小，至少要与你所拍摄的山峦处于同等高度时才能举起相机。站在高处拍摄能将山脉全景了然于心，用镜头构思和取舍错落有致的山峦之间的映衬，使画面更有层次感。

对于风景摄影而言，构图和曝光是最重要的，尤其是拍摄山景，画幅的选择决定了照片的整体格调。横幅的照片可以表现山势的延绵不绝，更好的展现山脉的起伏和广袤气势；竖幅的照片则利于凸显山峦的高大险峻，强调画面的纵深感。

拍摄山景时，一般以天空为背景，前面章节讲到的三分法在这里可以得到很好的运用。天空无云时，山景占据画幅的大部分空间；空中云朵层次较为丰富时，可以将镜头上调，让山体占据画面一半或三分之一空间，用云层衬托山势，天地交相辉映，衬托万里山河的雄浑气势。

之前分析风景摄影构图时，谈到了三分法、对称和黄金分割法，这里我们要再讲两种构图方法——三角形构图法和 V 字形构图法，这两种构图法依据山脉起伏顺势而行，可以更好地表现山势的险峻或沉稳，而从几何学角度来看，两者也可以很好地安排整理山峦之间看似凌乱的线条。

三角形构图法

其实这种构图法源自最简单的简笔画，小的时候画山，通常都是勾勒出几个有角度的线条使其交错重叠到一起，山的形态一目了然。三角形构图法就是利用山体的形态，将多个三角形前后或并列安排，让画面更加充实稳定而具层次感，这种方法多用于拍摄起伏平稳的山丘，以表现山势的沉稳大气。

V字形构图法

V 字形构图法其实就是三角形构图法的变相，又称为倒三角构图法，同样是依势而行，适于拍摄起伏较大或形状不规则的山体，以表现山势之险峻。V 字形构图法多用来拍摄峡谷或者两座山峰之间的远山，借群山之势描绘并用光影修饰使画面产生一定的神秘感，仿若山的彼端透过缭绕的云雾隐隐传来原始的呼唤，让观者产生一种寻觅的冲动。

山景拍摄还要避免一个误区，就是以为长焦镜头不适用于拍摄。固然，广角镜头可以更好地诠释山势之宏大磅礴，但利用长焦镜头截取的山体片段一样充满魅力，利用长焦镜头不仅可以将远景拉近，同时还可以起到压缩画面的作用，如果你想要拍摄的是岩层断壁细致的纹路，广角镜头在这点上可是远远不如长焦镜头。所以，不要以为一支镜头可以搞定一切，更换镜头是风光摄影中永远必要的一环。

《山脉的肌肤》 摄影 于庆文

拍摄数据 相机 尼康 D7000 焦距 200mm 速度 1/50 秒 光圈 10 感光度 ISO1 000 曝光补偿 −1

　　人类总是在追求一种形态上的美感,譬如线条,曲线要比直线更具观赏性,其在视觉上有一个缓冲的过程,运动轨迹也更加复杂, 这复杂会带来更多猜测与想象的余地, 更符合人的心理需求, 这就是为什么我们喜欢看身材凹凸有致的女人, 我们喜欢拍地势连绵起伏的山野。这张照片运用峰峦之间山势的参差变化制造出丰富的画面层次, 雾气在山间的遮挡弥漫, 使近景与远景之间的差别与距离更加明显, 画面的空间感也就更加强烈。照片上山脉的起伏之势优美得犹若侧卧软榻的聘婷娇娥, 红帐罗衣, 延颈秀项, 让人忍不住沿着那身姿细细描摹, 而对待美人需万分小心, 你端起相机调整镜头直到按下快门的每一步都至关重要, 就是这些微小的细节决定着瞬间是否能够凝固成永恒。

延绵不可穷 全景拍摄

拍摄山景时，令摄影人扼腕兴嗟的一点就是，无论广角镜头还是鱼眼镜头，都不能将连绵不绝的山脉尽收眼底，即使尽可能地纳入风景，画面却因透视效果完全变形，壮阔气势总是少了那么一分半点，幸而，全景摄影解决了这个问题。

全景照片是通过拼接所形成的大视角照片，即用多幅标准画幅的照片分段取景，然后将其拼接结合成一幅横幅长卷照片。其优势在于既展现景物全貌又不会压缩变形，照片真实感强，仿若身临其境，因为全景照片可以 360 度拍摄进行拼接，人眼所不能及的画面带来的震撼力可想而知。

得到一张全景照片要进行两部分的操作，实地取景，然后在电脑上用图片处理软件进行后期拼接，数码摄影时代后期拼接的难度不大，重点在拍摄时取景角度的水平一致和无差别曝光。

全景拍摄记录山林风景

1. 使用标准镜头。全景拍摄最好不要使用广角镜头，因其会使画面变形，尤其是在照片边缘的拼接部分，标准镜头视觉正常，利于后期合成。

2. 使用三脚架。拍摄全景照片必须使用三脚架，以保证地平线水平不发生倾斜偏移，手持相机拍摄是很难做到这点的。安置三脚架时要调节脚管长度，保证中柱垂直，调整云台上的水平仪，固定云台上下活动，使其只能保持水平移动，接下来就是调整相机了。

3. 选择矩阵测光模式，对亮区测光，使用 AE 锁锁定曝光参数。

4. 使用小光圈拍摄，如 F12 或 F16，以保证景深。

5. 固定相机白平衡设置，若使用自动白平衡会造成照片色调不一致。

6. 注意，同一组全景照片的拍摄，其光圈、速度、感光度和分辨率都是不可以改变的。拍摄第一张照片后，锁定其使用的焦距。

7. 镜头主轴与地平线保持平衡。俯拍或者仰拍，都会造成地平线的弯曲变形，不利于照片后期拼接处理。

8. 拍摄时，两张照片之间保证有 1/3 或 1/2 的部分重叠，以确保场景的连续性。

9. 尽量不要在光照条件变化较大的早晚进行拍摄，以免影响曝光。

10. 注意拍摄时不要纳入有明显标记的景物以及移动物体，以防后期拼接时被看出破绽。

我们已经得到一组可以进行全景拼接的照片，接下来就是在电脑上进行后期处理，除了使用经典的图片处理软件 Photoshop 外，很多第三方软件如 AutoStitch、Panoweaver 和 Dreamstitch 都可以用来制作全景照片，并且操作简单，只要根据指示说明使用即可。

《远山》 摄影 张桂香

拍摄数据：相机 尼康 D700　焦距 70mm　速度 1/320 秒　光圈 9　感光度 ISO800　曝光补偿 −0.33

　　全景拍摄的魅力在于其所绘制的是一幅遥远的风景。"遥远"是一个很奇妙的距离，它意味着可想而不可见，可见而不可得，它没有具体的单位，因而会根据每个人的估量而产生不同的想象，一万米深海或者几千里山路，甚至是亿万光年，作为一个目标伫立在那里，你往前一步，它退后十步。"遥远"亦是一段关系或一份感情的距离，两个人对面而立，伸手可及，却似隔了千山万水，相爱的人不见得懂得彼此，擦肩过客却恰有灵犀，人与人之间的关系往往如此。

　　风景若被冠以"遥远"之名，必然令人心向往之，好似跨过了这段距离便是柳暗花明、别有洞天，而跨不过去终归是一个美好的想象。画面中的群山于雾霭之中连绵起伏，似在召唤或等待膜拜，你若去了那里，远方亦有远山，回身也是风景，路途不止，距离总是遥远，这，便是旅人的悲哀罢。

山水风景拍摄
—— 二水中分白鹭州

智者乐水，仁者乐山。山水之间，方得意象。

有山就有水，有水必环山。中国自古以来诗词意象不离"山水"二字，仰观天宇，俯视山川，人事往来，唯独天地容颜不改。登高才能望百川，入水识得青山色。拍山，离不了水。

如何拍摄山水交相辉映的照片

1. 选择拍摄地点。中国大好河山，选择一处有山有水的拍摄地点并非难事，湖光山色中，站在哪里拍摄才是我们需要思考的。给摄影爱好者的建议是，或者寻找一个制高点，将流水环山而绕的风景尽收眼底；高江急峡雷霆斗，或者立于江河下游，欣赏急水穿山而来；乘上一叶扁舟逆流而上，弱水三千，两岸的风景何止一瓢。

2. 选择拍摄时间。最好的建议还是早晚拍摄，水面受光影影响会呈现出截然不同的色温效果，与山色交相辉映，别有一番诗情画意。

3. 利用倒影。山势无论或巍峨、或险峻、或破天地直入云霄、或似斧劈逼仄而来，经过水面的柔化，在倒影中都能呈现一幅婉约秀美卓卓而立的姿态，这种姿态与山体本身形成对比却毫不突兀，自然经得住观者欣赏推敲，使人百看不厌。

4. 各种光线的利弊。拍摄山景时，不同光线的优势和弊端格外明显。顺光拍摄画面明亮，色彩还原度高，但立体感较差；逆光拍摄时，轮廓光能很好地勾勒出山体形态，但是大部分景色处于阴影之中，水面曝光也很难掌握；而侧光拍摄时，山体易曝光不足，这时我们要避免对画面中的亮区测光，或开大光圈或放慢快门。

5. 利用对比强调画面语言。这里的对比不仅指色彩的对比，还有景物体积的对比。拍摄山水我们的出发点不外乎将自己看到壮丽山河时的震撼传递给观者，这种人在自然的强大力量下莫名卑微渺小的感受往往会因为照片中尺寸大小不能明显被感知而无法言尽其意，这时，我们可以在画面里增加一些固定大小的元素，如一叶扁舟、撒网的渔民、饮水的动物，帮助观者理解照片。

拍摄技巧小提示

在弱光环境中使用慢速快门拍摄时，不能依赖于相机的自动对焦功能，要开启即时取景功能，并且放大进行手动精确对焦。

户外采风时，若是适逢寒冷阴雨天气，注意不要在室外更换镜头，这样做会让机体内热气中的潮湿成份突然结霜或冻住，损坏相机。

《逆水》摄影 何晓彦

拍摄数据：相机 尼康 D300 焦距 35mm 速度 1/800 秒 光圈 14 感光度 ISO200 白平衡 自动

　　山水，山水，登山临水，水送山迎，山水既是风景又是画意，更是情趣兴味，天下何曾有山水，人间不解重骅骝，山水之美只有懂它的人才会欣赏。山至刚，水至柔，百炼钢化为绕指柔；山至阳，水至阴，阴阳和而万物得。山水的关系如同男女，明明推拒着彼此却又忍不住纠缠，在这场抵死缠绵中牵出一场聚散离合，各自成为风景。

　　且看这张山水风景照，拍摄者很好地利用了光线和天空中云层的变化，为原本色彩和影调较为单一的画面增添了更为丰富的层次和悠远的画意。一束光线透过云层为江面镀上了一层金色的粼光，观者的视线不自觉被画面中这一处最为突出的亮区吸引，隐隐期待着洞府中的谪仙自此处踏浪而出，或一条长龙跃然而出直飞九霄，好的摄影作品就是这样，它带给观者的不仅是视觉上的享受，更多的是隐藏在画面中的无穷韵味和想象空间。

平原风景拍摄 —— 寻找一棵树

拍摄平原风景最忌讳的就是平淡无奇，画面中除了茫茫草原别无他物，这时，寻找一个兴趣点（参照物）就成为极为重要的一步了，这个参照物可以是一座俏皮可爱的小木屋，一排整整齐齐的草垛，堂吉诃德挑战的风车，悠闲踱步的牛羊，甚至于，只是一棵孤独守望的树。

平原风景的特点是大气壮阔，不断延伸的地平线给人以驰骋江湖的豪迈情怀，然而，此类风景由于反光率比较平均，色调趋向一致，拍摄时极易缺失细节而使画面呆板无力，缺乏生气。为了避免这种情况出现，拍摄角度和拍摄时机掌握就变得尤为重要了。首先，不能从肉眼习惯的水平角度去观察，要利用俯拍或仰拍压缩空间，改变景物的本来形态，打破既有印象。其次，要尽量选择侧逆光拍摄，强调景物的轮廓线条，加深明暗影调的起伏变化，使画面更具立体感。

前景和中景是拍摄平原、草原等大场面风光中最常运用到的元素，它们的存在既是引导观者进入画面的视觉兴趣点，又可以作为一个对比参照，凸显场景的空间感，为远处平面展现的广阔景物注入更多的含义。注意，前景在画幅中占据的空间不要过多，拍摄原野风光，中景和远景才是重点。前景可以是砂石或低矮的植物，也可以是趴下身子观察时进入镜头的一株普普通通的野草；中景则多为树木，平原上最常见的便是零星散落的孤僻的树，寻找这样一棵树，将它安排进你的构图，它的位置往往决定着画面立意。

通常我们会将平原上的树木根据九宫格的位置放在画面三分之二处，这样的安排符合视觉习惯，最为保险。如果恰巧树木生长的方向和位置有一定规律，那么就利用这种规律再形成线条，增强空间纵深感。很多时候场面越大，画面中的元素越难安排，构图最忌杂乱无序，必要的时候，我们要用长焦头剔除画面中多余的景物。

拍摄时，将焦点放在画面前三分之二处，选择较小的光圈取得大景深，确保近处和远处的景物都可清晰再现。

拍摄技巧小提示

清晰的画面是风景照片成功的关键，如何避免画面模糊呢？手持相机拍摄时，快门速度不能小于镜头焦距的倒数，例如，如果你使用 70mm 焦距的话，那么拍摄时的快门速度就要达到 1/70 秒以上。

《一棵树的遐想》摄影 何晓彦

拍摄数据：相机 尼康 D300 焦距 65mm 速度 1/1 250 秒 光圈 11 感光度 ISO320 白平衡 自动

每个人生命中都有一棵树在等待你，就像每个人生命中都有一个人在等待你一样。那个人是你终身的伴侣，而那棵树则是你灵魂的依托。在茫茫原野上，看到一棵树，就好像在漫长的人生旅途中看到了一个目标，立时有了继续前行的理由和勇气。因为我们知道，即使飞跃了整个宇宙的弧度，跨过了半生悬望的苦海，最终回到这棵树下，你依然能够找到一个可以闭上眼睛放心停靠的栖身之所。

拍摄草原风景通常都是用广角镜头抓取气势恢宏辽阔的大场面，但大场面看多了难免会审美疲劳，这时我们就需要寻找一些能够引发观者兴味的场景进行拍摄。这张照片截取了草原风景中的一个片段，拍摄者没有在构图上强调近景远景的层次之分，采用顺光拍摄也不利于强调画面的影调和景物的轮廓，本应平淡无奇的一张片子却因照片右下方九宫格位置上的一棵树而改变了原本的面貌，这棵树集中了观者的视觉注意力，使充当背景的白云也变得有趣了几分，天上的白云仿佛是特意为了这棵树停驻一般，毫无疑问，拍摄者找到的这棵树是挽救了照片整体构图的点睛之笔。

草原风景拍摄
—— 地平线上的云

　　草原上的云是独具魅力的，低，矮，零零散散，贴近地平线，仿佛近在眼前触手可及，上前一步又摆摆衣袖飘然而去，来到草原，大片的天空也是我们的拍摄目标之一。

　　拍摄草原上的云首先要安排好构图，白云苍狗，绿野无垠，壮阔的草原风景通常适宜用横幅照片来表现。我们的拍摄主体是云，地平线的位置应遵循三分法原则放置画面下三分之一处。为了不使画面显得空寂，前景安排也尤为重要，闲散的牛羊零星点缀可以为塞外风光增添几许闲云野鹤之感；抑或将草原上四处可见随意生长的野花安排进镜头中，与蓝天白云也相映成辉。摄影人也可以将画面一分为二，用横穿原野的公路放置画面中央，营造一种对称的美感。注意，草原上风势较大，拍摄时支上三脚架，可以防止相机摇晃。

　　在拍摄工具的选择上，使用广角镜头，可以突出天空的辽阔之感。偏振镜和渐变灰镜都是拍摄白云的好帮手，这在前面的章节中已经讲过了，为了得到更加浓郁的色彩和强烈的画面质感，除了使用滤镜外，我们还可以通过手动调节相机白平衡设置得到预期的效果。

　　光圈设置上，避免远处的云景受景深影响，应视光线的强弱，使用 F8~F12 的小光圈拍摄，并将对焦设置为无穷远。至于顺光还是侧光拍摄，取决于摄影人的拍摄意图。顺光拍摄有助于加深蓝天白云的色调和质感，而侧光拍摄则能勾画出云朵的轮廓。阴天拍摄时，将曝光补偿减少两档，能使草原上的云朵更加压低，营造出强烈的空间感。

拍摄技巧小提示

　　风景摄影中最重要是保持地平线的水平，即使是老手，有时也会拍出地平线倾斜的照片，尤其是在地平线有起伏的情况下，如何保证地平线的水平呢？在你的单反数码相机里有一个电子水平仪功能，手持相机拍摄时，打开取景器内的网格线指示，它可以帮助你平稳放置地平线，这样，摄影人就可以将更多的精力放在取景构图和操作技巧上了。

《草原情》 摄影 张广慧

拍摄数据：相机 尼康 D80 焦距 24mm 速度 1/640 秒 光圈 8 感光度 ISO100 曝光补偿 −0.67

我有一颗天生流浪的心
惟有行走在路上
才能停止片刻的呼喊
我有一双天生流浪的眼
惟有放目于荒野
才能停止流泪的冲动
我的细胞、言语和灵魂都在渴望自我放逐
而自我放逐不过是一种本能

　　我们在第一章讲过，风景摄影构图时地平线最好要遵循"三分法"原则保持水平方向放置，尤其是在大场面的风光片中，平稳的地平线是构图成功的基础，但这也只是保险的建议而已，一旦你有勇气打破这种常规，那么你的照片必将脱颖而出，同时你也向着建立自身拍摄风格的目标前进了一大步。这张照片将地平线压至画面底端，用车与人的剪影平衡了地平线的倾斜，这种比例上的反差对比增强了画面的空间感，下调地平线同时也让云层翻涌的天空更具压迫感，整张照片充满了扑面而来的视觉冲击力。

如何拍摄牧群

无边绿翠凭羊牧，一马飞歌醉碧宵。草原赋予了草原人赖以生存的天与地，更赋予了他们盘马弯弓的豪情，这片沃野千里、绿草如茵的土地因为草原人的笑与泪而更加精彩，拍摄草原风景，怎能少得了牧民与羊？

天上有一片云，地上有一群羊，风吹草低见牛羊的景观是每个来到草原的摄影人不容错失的风景。拍摄羊群或马群时，应尽量选择高角度拍摄，镜头下调，将地平线放置于画面上五分之一处，或者干脆将天空切割于画面之外，让构图更加饱满丰富。当天空中飘浮着大片云朵时，拉近镜头，低角度仰拍羊群，运用透视关系让羊群与天空中的云连成一体，好似天上的云飘至地上变成了一只只羊羔，天地风景融汇交映自成一体。

正面拍摄羊群或马群，可以展现出一种牧群自天边踏至而来的画面感；如果拍摄时间恰好在傍晚时分，将羊群与赶羊的牧人放置在与太阳成角度的一条倾斜线上，营造牧群缓缓走向落日的归去之意。

马群零散活动时，适于用长焦镜头拍摄单一个体的精彩瞬间。使用 300mm 以上的长焦端可以在远处观察动物，在不惊扰马匹的条件下更易拍到动物自然生动的一面。尽量不要将动物放在画面正中央，这样会使构图显得呆板沉闷，将马匹放置画面边缘可以营造出一种马儿要奔出画框或者刚刚走入眼帘的动感，使照片更具趣味性。

高纬度的蓝天白云下，使用偏振镜可以吸收紫外线，让蓝天色调更加深沉，画面质感更强。

拍摄牧民与蒙古包时，应注意其独具民族特色的服饰和装饰，细心观察，抓住这些细节进行特写。如果你是一个热情的人，可以主动上前与牧民攀谈，在熟悉之后沟通摆拍，毕竟难得来到草原一次，摆拍也未尝不是一种得到佳作的方式。

《牧群》 摄影 于庆文

拍摄数据：相机 尼康 D80 焦距 52mm 速度 1/1 000 秒 光圈 11 感光度 ISO200 曝光补偿 −0.67

这张照片拍摄于清晨，采用前侧光渲染了照片的整体氛围，牧群活动踢起的尘烟在日出阳光的照射下朦胧了拍摄场景，牛背上的反光在这一片朦胧中脱颖而出，点亮了整个画面。而拍摄者的后期剪裁，则让构图看起来更加紧凑饱满，虽然剪掉了一些空间，但剪裁后的宽幅照片更利于强调被摄主体与拍摄场景之间的比例差异，使场面看起来更加辽阔大气。

沙漠风景的构图与拍摄

提及沙漠，脑海中首先闪现的是作家三毛的名字，然后才是连天的黄沙与驼铃，因为这样的印象，沙漠在我心中除了苍茫与荒芜，更多了一份漂泊流浪的洒脱。有多少人是怀着这样的一种心情，走进沙漠，去寻找前世的乡愁。

世界上有三样东西可以掩去一切痕迹，时间、海水与流沙。在沙漠中，最难留下的就是足迹，你来到这里，你拍下了照片，也仅此而已，沙漠转眼就会将你忘记，不会留下任何痕迹，也正是因为如此，生命活动的印记才显得尤为难得与珍贵。在沙漠中只拍黄沙未免单调，所以我们要尽量寻找沙丘以外的景物作为拍摄对象，让照片富有生命力，而在沙漠中最常见的就是驼队与旅人。

在沙漠中无处不在的除了黄沙还有阳光，随着时间的流逝，阳光会在地面上留下长短不一形态各异的影子，摄影人要充分利用这点，用光影勾勒出驼队各种不同的形态。早晚的侧逆光最适合拍摄驼队，太阳与地面的角度较小，阳光拖拽出狭长的影子，低色温打造出温暖的照片色调，骆驼行走时踢起的沙尘在光线的映照下折射出犹如雾气般飘渺的画面效果。逆光可以很好地勾勒出驼队的轮廓，在驼峰上打出光晕，让照片立体而生动。注意，逆光拍摄要适当增加曝光补偿或用闪光灯进行补光，或者你也可以放弃细节，用点测光对画面中最亮部分测光，用剪影的方式表现驼队行走的姿态，因为驼队纵向排列的特点，这种方式拍摄出的画面反而更具视觉冲击力与感染力。

构图上，我们一般采用横幅画面，将驼队与地平线放在照片上方三分之一处，这样做画面更加简洁，以突显沙漠的空旷寂寥。也可以将驼队置于画面正中央，用起伏的沙丘填满四周，营造出一种被天地黄沙围困的渺小的视觉效果。

而旅人，除了直接拍摄他们的身影外，还可以在沙土流动比较慢的地方捕捉他们的足迹，画面中没有人的身影，只有一排脚印，更能引发观者的联想，足迹不仅让你的照片意境得以延伸，更是很好的引导线，穿过沙土上的波纹，增强了画面的纵深感。

拍摄技巧小提示

单反数码相机上有一个镜头校正功能，在一些相机里它属于 RAW 文件编辑菜单的一部分，这个功能可以帮助摄影人校正镜头的偏差，避免成像失真或分辨率过低等现象，只是，这项功能有时只适用于原厂镜头，而且使用这一功能可能会造成照片出现色差、图像清晰度降低和图片边缘被裁切等现象。

《大漠孤行》 摄影 张桂香

拍摄数据：相机 尼康 D700 焦距 70mm 速度 1/100 秒 光圈 8 感光度 ISO200 曝光补偿 -0.33

　　人的成就感是一种很莫名的存在，你翻越了整个沙漠，经历了诸多磨难，总要仰天大吼三声，让天地听到你的豪情壮志，此后，逢人总免不了要说上几句，沙漠是何等的壮阔且恐怖，而你又是如何克服了恶劣的自然环境靠坚强的毅力走出困境，最后，一脸怀念的感叹道，真想再回去看一看那苍茫辽阔的天地。而当你真的重新站在沙漠前时，却沮丧的发现，在这一片黄沙当中，你没有留下任何痕迹，而沙漠也根本不记得你这个人了。任何人对沙漠而言，都只是过客而已。

　　这张照片利用侧光拍摄强调了沙漠的轮廓感，影调是拍摄主题，正是这些变化丰富的投影凸显了沙漠地势的高低起伏。我们说过，拍摄沙漠时要利用人类活动的痕迹来帮助构图，为照片增添生命力，画面下方纷乱交错的轮胎印就起到了这样的作用，同时，它们也是很好的引导线，将观者的视线引向远方的沙丘。

《沙源》摄影 李桂琼

拍摄数据：相机 佳能 50D 焦距 70mm 速度 1/45 秒 光圈 6.7 感光度 ISO100 白平衡 自动

沙漠风景拍摄 — 长河落日圆

大漠孤烟直，长河落日圆。和其他地方的风景一样，在沙漠中，一天当中最佳的拍摄时间也是日出和日落两个时辰，而与其他题材的风景照片不同的是，荒漠中的落日格外壮阔，这其中有自然因素——高低起伏的沙丘会投下形态不一的阴影，沙粒会均匀折射太阳的光辉，总体偏暖的色调更易调动人的情绪；也有民族文化的影响——对于中国人来说，荒漠意味着一种边塞情怀，它是金戈铁马、沙场驰骋、男儿志在四方的象征，沙漠的风景，带着一种壮阔的豪情。

日落时分的光线柔和，沙子表面反光小，能够营造出一种如绸缎般金光闪闪的画面效果；较低的光照角度将沙丘起伏的 S 形曲线勾勒得更加明显，在这种光线下，沙粒的纹理与质感也更加强烈；而日落时分天空中的变化也更为丰富，有利于构图。

拍摄日落时分的沙漠，构图是最重要的，你的拍摄对象大部分是沙丘构成的线条，如何安排这些线条是照片成败的关键。我们可以用广角镜头在高处俯拍，站在高处可以看到沙漠的全貌，寻找有规律的线条，一般"之"字形排列的沙丘会让画面看起来远近错落有致，更具层次感。用广角镜头时，光圈要开到 f16 或者更小，焦点落在画面下 1/3 处，以保证前景与背景的清晰度。构图时让沙漠占据画面中 2/3 或 4/5 的空间，让观者清楚拍摄的主角。

除了用广角镜头拍摄大场景的画面外，我们也可以用长焦镜头压缩空间，虚化远景。使用 200-300mm 的长焦镜头，筛选出沙漠中的一个局部，我们会发现，那些沙丘有的如肌肤般平滑，有的则布满流水般的纹路，用长焦将它们区分开来，让取景框中线条简洁而一致，这样富于规律的画面视觉冲击感更强。长焦抓取局部细节时最好用仰拍的角度，让前景中的线条更加明晰，将天空干脆排除在画面之外，沙丘的线条行至照片边缘，让视觉得以延伸。

拍摄胡杨

　　胡杨，是沙漠的脊梁，生而一千年不死，死而一千年不倒，倒而一千年不朽，正是这种顽强与倔强使其成为文人歌颂的对象，而对于摄影人而言，胡杨不仅是一种沙漠中生命的象征，它扭曲生长的姿态与绚烂的色彩都是拍摄的绝佳对象。

　　秋天来临时，颜色最为绚丽的，除了枫叶，就是杨树了。每年秋季刚打霜的时候，胡杨的叶子会一夜间变成如黄金般灿烂的色彩，此时是拍摄胡杨的最佳季节，林间铺落的叶子与枝头尚未凋零的树叶相映成辉，造成一种天地一色的错觉。拍摄时调整白平衡，使用偏振镜加深天空的颜色，让画面对比更加强烈。大漠中光线强烈而充足，感光度越低越好，以增强画质，保留树木的细节。

　　相较于胡杨林的繁茂，那些独自生长的枯死却傲立不倒的老树更具拍摄价值。荒漠中生长百年的胡杨枝干扭曲，布满刀刻斧凿般的裂纹，这种肆意的姿态形成一道奇特的景观，磅礴大气，给人以一种原始的躁动感。拍摄这样的胡杨要用中长焦镜头使其立于画面中央或充满画面，强调它的存在感，选择测光或逆光勾勒出它的轮廓，拍摄时最好使用包围曝光模式，经过 HDR 后期合成后的照片会更具质感。

　　日落时分，构图时将低垂的太阳放在干枯树枝中间，可以营造出一种暮霭垂垂的画面感；运气好的话，刚好有那么一棵老树挡在贴近地面的落日前，圆而大的落日中老树的剪影会成为你最好的题材，拍摄时点测光降低曝光补偿。除了拍摄整棵树外，树干上深刻的纹路也是很好的拍摄对象，用长焦拉近特写，这些纹路会让胡杨树看起来像一块木雕艺术，使用闪光灯可以增强画面的质感，压暗边角让主体更加突出。

《生命的赞歌》 摄影 刘成华

拍摄数据：相机 尼康 D80 焦距 22mm 速度 1/250 秒 光圈 10 感光度 ISO200 白平衡 自动

拍摄砂石—— 一粒沙中看世界

　　荒凉的戈壁滩上最多的是什么？沙砾与裸岩。拍摄戈壁风景，不要只一味的追求大场面，除了将镜头对准断崖沟壑，那些散落在低矮山脊间的千奇百怪的碎石也是很好的拍摄对象。佛祖可以在一粒沙中参透三千世界，我们当然也可以在一颗石头中看到不一样的风景。

　　如何在一粒沙中看见不一样的风景呢？将镜头贴近地面，用地上的小石头作为前景，使用大光圈长焦距拍摄，或者让远处的风景模糊成为这些小石头的背景，放大原本微小的景观，用夸张的手法营造出一个微观世界，或者将焦点对准远方的景物，那么这些碎石就会成为模糊的前景，前景的模糊可以增加空间的纵深感，好像透过这些隐约的碎石可以看到更远的风景。

　　在戈壁滩上，碎石会排列出各种各样的图案，仔细观察这些图案，寻找有趣的组合拍摄特写，经过电脑后期处理后常常能得到犹如抽象画一般的图案。或者我们也可以动手将石头摆成有规律的图形进行拍摄，这种摆拍虽然刻意些，但是得到的画面更加有趣，往往能引发观者的会心一笑。我们还可以在石头上洒水，表面凹凸不平的砂石洒上水后在阳光下会折射出耀眼的光芒。

　　注意那些生长在碎石间的植物，娇弱的花草与石头粗劣的表面形成的强烈的对比，这样的对比在画面中会呈现出一种强烈的视觉冲击力。

《冷静的结果》 摄影 李继强

拍摄数据：相机 索尼 F828 焦距 9.7mm 速度 1/125 秒 光圈 3.5 感光度 ISO100 白平衡 自动

　　冬日里河边的石头是最好的拍摄对象，石头粗砺的表面和冰层的晶莹透彻会形成强烈的对比，从而制造出最好的视觉冲击效果，这样的照片画面质感非常重要，低感光度、近距离拍摄是保证画质的关键，同时，摄影人还使用了大光圈虚化了一部分背景，让画面中央的石头与冰层更加突出。这张照片同样进行了后期剪裁，为的是突出拍摄主题和被摄主体的中心位置。

利用倒影构图

为什么要单独来讲解倒影呢？因为利用水面的倒影进行构图是风景摄影中拍摄水景时最常用的一种方式，倒影是实体的第二个自我，它不仅能如实的反映景物，更可以帮助平衡画面，增添照片的层次与色彩。如果你拿捏不好拍摄水景的方法，那么就选择利用倒影来制造对称美感吧，这是一种绝对不会出错的拍摄方法。

拍摄水面倒影时有两种方式：一是利用实景与倒影营造出画面的对称感；一是抛开景物实体，只拍摄其在水面上投射的影子。前者多用于自然风景摄影中，如拍摄湖面、江面；后者常见于城市风景摄影中，大雨后路面上水洼的倒影。我们在这里要讲的主要是前一种，利用倒影制造对称的画面。

拍摄水面上的倒影，最常见的构图方式是把水平线放在画面中央，将照片一分为二，上下对称，这样拍摄最保险，画面和谐、均衡，但是，有时会略显呆板，摄影人应该尝试从不同角度进行观察，反复试验拍摄寻找最佳画面效果，也可以在构图中安排有趣的前景活跃画面。拍摄倒影一般都是选择横向构图，视角更大，画面也相对平稳，但是，偶尔也尝试下纵向构图吧，这样的照片看起来更有纵深感，也会让被摄主体产生一种被拉长变形的错觉，使画面更具视觉冲击力。

倒影拍摄的十条技巧

1. 尽量选择无风或微风的天气进行拍摄，风势太过强烈水面的倒影会散掉。

2. 使用小光圈拍摄，加大景深，强化倒影的画面效果，保证照片中远近景的清晰。

3. 先对被摄景物对焦，然后对其倒影进行对焦，从中选择你要拍摄的主要对象。

4. 选择太阳角度倾斜较大的时候进行拍摄，如黎明或黄昏，这时水面反光不会过于强烈，影响画面效果。

5. 利用漫散射光进行拍摄，画面会更加柔和而具神秘感。

6. 使用包围曝光模式拍摄倒影，防止水面反光影响测光的准确性。

7. 使用滤镜拍摄，偏振镜可以消除水面反光，让倒影更加清晰；中灰密度镜则可以用来防止天空过曝。

8. 高速快门可以定格水面，让倒影更加清晰。

9. 在有三脚架支撑相机的条件下，可以尝试将曝光时间略微延长，让水面呈现出柔滑的质感，虚化倒影的部分细节，使画面更具动感。

10. 使用单反数码相机的"反转片"模式或"艳丽"模式进行拍摄，强化水面色彩，让照片整体色调更加饱满。

你所不知道的风景摄影中的"倒影"

倒影的大小与视角高度成反比，拍摄视角高，倒影出现得少；拍摄视角低，倒影出现得多。故而，摄影人需选择低角度拍摄水面倒影。拍摄倒影时切记水平线不可倾斜，否则会严重影响画面美感。

《镜》摄影 何晓彦

拍摄数据：相机 尼康 D300 焦距 18mm 速度 1/500 秒 光圈 11 感光度 ISO200 白平衡 自动

　　这张照片把水平线放在画面中央位置，将照片一分为二，利用水面上的倒影来制造对称的美感。摄影人使用了广角端进行拍摄，小光圈保证了远近景和倒影的清晰度，可以看得出来，这张照片是在无风的天气下拍摄的，水面上的倒影基本上没有太大的形变。天空中的云层在湖面上投射的倒影是这张照片的点睛之笔，它弥补了构图上的空白，使画面不至于显得太过空旷，云层影调的变化为照片增添了层次感。

瀑布拍摄与快门速度

瀑布是立体的水景，由山间跌落，奔涌而来似白虹饮涧，玉龙下山，晴雪飞滩，这种动态的水景要比一般静态的水景更难拍摄，当然，如果拍摄时操作得当，将水流的动态之美凝固下来，照片上的画面效果也比一般水景来得更加精彩。

拍摄瀑布的最佳季节是夏季和秋季，这两个季节雨水充足，瀑布倾泻而下的景象蔚为壮观，尤其是初秋季节，流水与红叶交相辉映，自成一派迤逦画卷。拍摄瀑布时对光线的选择也十分讲究，正面光照射下水流会呈现为银白色，此时用慢速快门凝固画面，照片中瀑布宛若一条白色丝绢卧于山间；在逆光环境下，水流则会因为处于阴影中而呈现出偏蓝的色调，画面整体感觉会更为清冷；记录瀑布景观最为合适的光线是侧光拍摄，在侧光照射下，水流会因折射角度的不同而呈现出不一样的色调，画面中的色彩层次更为丰富，且在这种光线下瀑布周围的水汽很容易折射出七彩虹霓，若有幸将彩虹纳入构图之中，你的照片无疑会更加精彩。

拍摄瀑布时一般会采用竖幅的构图方式，迎合水势由上而下垂直跌落的状态，当然，瀑布也不总是单一的一条垂线，受地势影响，有的瀑布会分数次自山间跌下，呈现出曲折蜿蜒的变化，这时，就要采用横幅的构图方式将水流曲折的走势收入取景框中。摄影人要根据实际的拍摄环境调整构图，如黄果树瀑布那般气势恢宏的瀑布景观，无疑是要用横幅构图来表现其壮阔场面最为合适。低角度拍摄瀑布构图时最好将天空排除在画面之外，这样照片中的景色显得更为紧凑饱满，观者的注意力不会被分散影响，同时也避免了天空和水流反差过大造成的曝光失误现象。

在机位的选择上，低角度仰拍瀑布最为合适，瀑布周围的水汽很重，为了保护相机，摄影人不宜过分靠近拍摄，当然，拍摄位置也不能过低，距离太远的话无法捕捉水流的细节，同时前景中也很容易出现干扰构图的杂乱因素。摄影人还需要注意这样一件事，瀑布下方的地面受水流经年冲击，其表面是十分光滑的，拍摄时要注意你脚下的地面是否可以平稳站立。

快门速度的变化

在不同快门速度下，水流会呈现出截然不同的画面效果，摄影人可以通过反复试验操作得到自己中意的照片。通常，拍摄瀑布会采用以下两种快门速度：或者使用高速快门凝固水花飞溅的瞬间，呈现出水流奔涌的跳跃动感；或者使用慢速快门营造出如丝绢般的画面质感，捕捉瀑布的形态之美。无论你采用哪种方法拍摄，注意，相机的拍摄设置都要设置为快门优先模式。

1. 高速快门拍摄瀑布：一般情况下，1/500秒的快门速度即可凝固住水花四溅的瞬间，快门速度不宜过高，否则会影响到镜头的进光量。高速快门拍摄瀑布要配合大光圈使用。

2. 慢速快门拍摄瀑布：慢速快门是多数摄影人会选择的模式，采用这种模式拍摄时要使用三脚架支撑相机，调低ISO感光度，快门速度至少要低于1/4秒，使用小光圈拍摄减少进光量防止过曝，通常，如果你选择了快门优先模式进行拍摄，相机将随之自动调小光圈进行补偿，摄影人还可以利用偏振镜来减少进光量。建议摄影人使用包围拍摄法，试验不同曝光时间下水流的质感，从中选择中意的画面效果。

《流水的话语权》 摄影 何晓彦

拍摄数据：相机 尼康 D300 焦距 32mm 速度 1/5 秒 光圈 25 感光度 ISO200 白平衡 自动

来自瀑布的迫不及待地跌落
来自小溪的意犹未尽地回眸
来自江池的意气奋发地叫喊
来自河川的惘然若失地兜转
原以为是天堂的 其实只是手心里的一捧海洋

　　这张照片便是使用慢速快门拍摄瀑布流水，为了减少镜头进光量，避免照片曝光过度，摄影人调低了ISO 感光度，并且使用了相机的最小光圈进行拍摄，使用小光圈拍摄还有一个优势在于可以保证画面中近景远景的同时清晰。因为所要拍摄的瀑布比较矮小，故而并没有采用一般拍摄瀑布时会使用的竖幅构图，而是以正常视觉采用横幅构图，尽可能地纵览全景。

江河风景拍摄
一 画水至难君得名

风景摄影中，最简单的是拍摄水景，最难的也是拍摄水景。简单，是因为水景几乎随处可见，大至江河湖海，小至瀑布溪流，甚至城市中心的一眼喷泉，绿荫深处的一池春波，除非你身处沙漠戈壁，不然你一定可以寻到水的痕迹；难，则在于水无色无味，形态千变万化，单纯拍摄水，它只是透明的液体，我们要拍摄的其实是水与自然界中其他景物产生的互动。譬如，水面在阳光下反射的波光，风在水面吹起的涟漪，水流因地势不同产生的变化，景物在水面投射的倒影，将水洒向空中，阳光折射出的一道彩虹……当然，对于不同的水，也有不同的拍摄方法。

首先，我们要考虑到拍摄时间。水在一年四季会呈现出不同的形态和色彩，即使一天当中，水也会随时间的流逝产生变化，一般来说，拍摄水景的最佳季节是夏季和秋季，这两个季节雨水充沛，周边景物也相对繁茂，拍摄难度较小，当然，早春时节也是拍摄水景的一个不错的选择，这时江河中的冰层已经开始融化，边缘锐利的冰块与柔和的水流形成很好的对比，半冻半融的水面拍摄起来更具视觉冲击性；时间的选择上，还是以早晚为宜，这两个时辰色温变化较大，水面的受光面和阴影面会呈现出截然不同的色彩与影调上的对比，画面中的色调更为丰富饱满，晨曦与晚霞的丰富色彩映射在水面之上可以为照片增添更多暖调。

取景构图方面，要根据水的形态与变化选择。纵向构图一般用来拍摄流动的水，如瀑布、溪流等，正面取景凸显水流奔涌而来一刻不停的动态感；横向构图适合大场面的水景拍摄，如海边、江畔，同时也更适合用来呈现水的静态美，用慢速快门凝固水面，营造出一种宁静致远的画面效果。

拍摄水景构图时，要尽量利用周边环境中的景物，水岸两边生长的树木，浅滩上形态各异长满苔藓的石头，清澈见底的水流中摇曳生姿的水草，用这些景物作为构图时的陪衬，为照片增添层次感和生命力。如果拍摄的水流比较湍急，构图时就要注意动静结合，利用静止不动的景物与水流产生对比，拍摄时的重点是掌握快门速度。

摄影人在拍摄水景时还要注意一点，就是准确曝光。水面在阳光的映射下会产生反光，即使阳光并不强烈，天空的映衬也会使水面与周边景物的亮度产生极大的反差，这时，依靠相机的自动测光功能常常会出现曝光不足的现象，摄影人要适当增加曝光补偿，在光线较为复杂的情况下选择相机的包围曝光模式进行拍摄。

很多摄影爱好者在拍摄江河时常常喜欢在构图中安排进去一两只小船以增添照片的趣味性，需要注意的是，只有船的画面是单调的，最好在照片中适当的增加前景和远景，如远处的群山、岸边的芦苇，或者干脆请渔家撒网捕鱼，以此丰富照片的层次感，让画面更加生动。当然，拍摄水景可以借用的景物也不止是船而已，横跨江面的飞虹、岸边一眼望不到尽头的堤坝、轻轻掠过水面的水鸟、清晨饮水的动物，这些都是构图时可以为你的照片增添趣味性和生命力的拍摄元素。

《澄江静如练》 摄影 于庆文

拍摄数据：相机 尼康 D700 焦距 70mm 速度 1/15 秒 光圈 11 感光度 ISO200 白平衡 自动

　　这张照片拍摄于日落时分，霞光将半边春水染成了金色，就在河水变化过渡的地方，一叶扁舟激起了涟漪，这是拍摄者的幸运，恰好的时机让这张照片更具韵味，画面中的船并非拍摄主体，稍不注意便会忽略，摄影人可以将焦距再拉长一些，让这个唯美的场景更加突出。曲折的河道是画面中天然的引导线，S 型的走势分散了视觉上的紧张感，让照片过渡得更加自然。由于日落时光线比较复杂，这张照片使用了包围曝光模式拍摄，经过 HDR 后期处理后，色调更加饱满艳丽，极具观赏价值。

拍摄海边的风景

对于全人类而言，大海是孕育生命的摇篮，对于摄影人而言，大海则是最慷慨的馈赠者，海滨拥有极为丰富的自然元素，无论是使用广角镜头抓取大场面的风光，还是使用长焦镜头截取一个片章，都能成就一幅很好的风景摄影作品。海边可拍摄的题材太多，这里不做一一详解，笔者只归纳出比较具有特色的几点，剩下的风景，有待摄影人自己去挖掘发现。

对于大多数人来说，拍摄海景的最佳季节是夏季，蓝天、碧海、阳光、沙滩，还有身着比基尼的各色美女，拍摄之余还可以游泳戏水，岂不美哉？夏天的确适合拍摄海景，但是，这并不意味着其他季节就逊色多少。冬天的大海可以给人一种悠远安静的神秘感，岸边的雪由于海浪的冲刷无法堆积起来，白色的冰雪和浪花被沙滩从中劈开，使画面看起来极具层次感。构图时可以将天空中的云层纳入镜头之中，云与沙滩上的积雪相互辉映，能够营造出一种仿若仙境的画面氛围。

海景拍摄时方位、地点与时机都是非常重要的。通常，我们会选择太阳角度倾斜较大的时段进行拍摄，此时光线柔和，水面反光较小，天空中色彩变化丰富，拍摄出的照片更具质感，所以，清晨与傍晚是拍摄海景的最佳时间。在拍摄地点的选择上，若要拍摄太阳从海面上升起或落下的画面，日出和日落景观就不能出现在陆地上，考虑到我们身处北半球，因而，夏季要选择朝北的海滩，冬季则寻找朝南的海滩。朝东的海滩适合早晨拍摄，朝西的海滩便于傍晚拍摄。

取景构图时，注意安排天空和海洋的比例，拍摄海景时，不必严格按着三分法原则来进行构图。如果你是站在海边的悬崖上取景，可以俯拍让大海充满整个画面，抓取海浪冲击礁石的强烈视觉震撼力；如果你是站在平整的海滩边正面拍摄大海，应尽量压缩画面中天空所占的比例；早晚时段，如果天空中云层的色彩十分艳丽并且变化丰富，而你所处的海岸地势又刚好有一定的曲折起伏，那么，可以尝试将地平线压低，让天空占据画面中的大部分空间，色彩丰富的天空在海面上投射的倒影可以为照片增色不少。

海景拍摄技巧

1. 使用三脚架固定相机，如果是站在海水中进行拍摄，要将三脚架向沙里压深。
2. 使用小光圈进行拍摄，让取景框中的大部分风景处于景深之中。
3. 手动选择自动对焦点确保远近景的清晰度。
4. 使用慢速快门表现海浪的流动感，拍摄时要降低相机 ISO 感光度。
5. 用 1/500 秒以上的高速快门凝固海浪翻涌的瞬间，拍摄时尽量选择低角度仰拍。
6. 使用偏振镜让大海和天空的颜色更蓝。
7. 在画面中安排有趣的前景，让照片更具层次感，构图更加饱满。
8. 如果画面中没有特别的拍摄对象强调照片的层次感，那么就利用海岸线来加深照片的纵深感。

9. 拍摄时间并非特定，除早晚之外，白天的各个时辰都可以拍摄海景。摄影人若是站在浅水区，可以等待太阳出现在你身后阳光穿过水面时进行拍摄，经由沙滩的反射，这时照片中的海水会呈现出一种清澈透亮的浅绿色。

10. 尝试使用不同选项的白平衡进行拍摄，让照片呈现出变化多端的画面效果。

11. 拍摄海滨风景时须时刻保持镜头前端干净，拍摄完毕后，切记将相机擦拭干净，避免海水和沙子对相机的侵害，并且尽量不要在海边更换镜头。

《海滨落日》 摄影 何晓彦

拍摄数据：相机 尼康 D300 焦距 48mm 速度 1/640 秒 光圈 13 感光度 ISO200 曝光补偿 -0.33

一张拍摄于日落时分的海滨风景作品，前景的放置是这张照片的成功之处，如果没有这只小船的剪影，画面会显得十分单调空旷，有了这只小船的衬托，即使落日在画面中所占的空间比例极小，但是由于其位置刚好处于船的桅杆之上，作为一个视觉集中点，让观者一眼便会被画面中的落日吸引过去。拍摄者并没有遵循"九宫格"的原则，而是将被摄主体安排在画面正中央的位置，因为这张照片的构图比较简单，景物放在画面中央可以凸显和强调它的重要性。

照片使用小光圈拍摄，减少了镜头的进光量，并且降低了曝光补偿，画面整体色调偏暗，给人以一种压抑的感觉，仿佛夕阳即将燃烧殆尽，红色虽然是暖色调，在这张照片上却给人一种暮霭昏昏的沉重感。

拍摄古镇风景

君到姑苏见，人家尽枕河，古宫闲地少，水巷小桥多。水乡、古镇、渔舟、廊桥，寄托了中国人的浪漫情怀，这情怀不见得浓郁，却足够悠远，娓娓道来，流传千年。水乡的每一座古镇，都似一位典雅端庄的仕女，静静地坐在那里，等待你去揣摩她的容颜与心思，去拨开中华文化五千年的面纱，用镜头穿越时空，重返盛唐。

中国的古镇不胜枚举，比较著名的有浙江的乌镇、江西婺源、凤凰古城以及山西平遥等等，这些地方是摄影人和驴友心之所往的世外桃源，但也正是因为它们的名气使得原本沉静的古镇被成百上千的游客的喧闹所覆盖，而失了它们原本的样貌，所以，拍摄古镇的第一要点就是避开旅游胜地或者节假日，选择一些尚未开发的小镇进行拍摄采风，越是偏僻的地方，风土人情越浓郁，更易发掘到独属于你自己的风景。

出发前，一定要做好功课，每个古镇都有其独特的历史和韵味，在了解这些的前提下，带着目的去拍摄，你会比其他人更早一步找到风景。针对不同地域的气候特征出行的时间安排也有技巧，拍摄水乡宜在早春时节，乍暖还寒，此时早晚雾气颇重，可以营造出楼台亭榭间烟云缭绕的神秘朦胧感；而到山城采风的最佳季节则是秋季，漫山遍野枫叶如霜，小楼庭院在一片火红中若隐若现，俨然桃源胜地。

江南古镇大多沿水而建，街巷狭长，构图时竖幅取天地，横幅找对称，中国古代建筑大多讲求整体上的对称感，正面拍摄最能强调这种对称美，这种对称的画面也可以利用建筑在水中的倒影制造出来。古人在建房时讲究风水和装饰，注意观察那些民宅的屋檐和墙角门廊，你往往能发现很多刻画得极为细腻的雕像壁画，装饰性与艺术性兼具，这些都是文化的缩影，用镜头捕捉下来，即是一幅幅文艺腔调十足的小品特写。我们还要注意那些新旧对比强烈的画面，江南古城的白墙黑瓦，配上广告海报或者一抹时尚的靓影，古老与现代的结合能够营造出强烈的视觉冲击力。

古镇最多的就是吊脚楼，我们拍摄时要尽量选择一个较高的观察点，在建筑对面利用早晚时候的侧光拍摄，通过阴影形成的明暗对比强调建筑的轮廓感，楼与楼之间的投影也让画面更加丰富而具质感。拍摄时要适当增加曝光补偿，避免局部过曝。

摄影人还要记住一点，不要以为只有灯火璀璨的城市夜景才值得一拍，古镇的夜晚月色如水，庭院深深一点烛光，蛙声蝉声连成一片，这才是夜晚本来的颜色，若是恰逢满月，遥遥望去瓦片上反射的银辉丝毫不比城市的灯火逊色。拍摄古镇夜景需要注意的是避开人造光源，利用月光和水面的反光，使用 B 门拍摄，支上三脚架静静构好图，静静的等上一分钟——月落乌啼霜满天，江枫渔火对愁眠。

《流水人家》 摄影 李继强

拍摄数据：相机 尼康 D200 焦距 18mm 速度 1/400 秒 光圈 10 感光度 ISO250 白平衡 自动

醉落魄·叹水
流云三千，奔啸而去复九天。故城回望烟霭薄，小桥人家，汲水叹江南。
九转曲折舟不见，巫山雨尽伊人倦，桃花落时方恨红。梦里依稀，十二峰犹在。

很平常的一张照片，江南水乡随处可见的画面，但却能勾起人进入照片一探究竟的冲动，缘由在于画面中那一排不容忽视的竹椅。背向镜头摆放的竹椅，将观者的视线自然而然地引向了河对岸，对岸有什么，又是什么人要坐在这些椅子上去观看即将发生的未来或早已消逝的过去，照片中的景物发出了邀请，观者自然要接受邀请，一树桃花都已开好，只待君举杯入座。

拍摄渔民撒网 —— 渔歌人家

鸥鹭眠沙，渔歌唱晚，不管人间半点愁。来到江南水乡，有一项活动一定要拍，就是渔民撒网，尽管这个画面已经被无数摄影人翻来覆去地拍得再难出新意，但是你的电脑里总是要有那么几张渔歌唱晚的照片，才不枉江南一行。渔民撒网的画面拍的人很多，但真正出彩的却寥寥无几，想要拍好这个瞬间，需要的不只是摄影师的技巧，还有足够好运的机遇。

如今大部分渔民已经将撒网这一生产活动发展成为旅游副业的表演节目，摄影爱好者只要付钱就可以要求渔民按照自己需要的方向和力度撒网，在一次次的尝试中，你总能拍到那么几张还算满意的照片，但也只是满意而已，想要将照片升华为作品，还是要有一些操作技巧的。

拍摄渔民撒网的操作技巧

1. 选个经验丰富的老渔民。别笑，这个是正经话，经验丰富的渔民起网的动作更加干脆利落一气呵成，渔网在空中停留的时间与张开的角度都更加完美而适宜拍摄，他们接触的摄影人成百上千，从某种程度上来讲老渔民就像一个专业的模特，他们的动作可以启发和指导你，拍摄对象的配合可以大大降低抓取瞬间的难度。

2. 选择适当的拍摄时间。拍摄渔民撒网适宜在天亮之前或日落之后，一般是在夏季早5点至7点或晚7点到8点之间，天边微微泛着霞光，找一个晴朗无风的日子，江上弥漫着薄雾，侧逆光将江面上的雾景渲染得更加神秘朦胧，霞光中带着水珠的渔网好像一片光雾笼罩江面。拍摄时与渔民沟通，最好是逆光撒网，让光线增加渔网的亮度与通透的质感。

3. 使用连拍模式。渔网从抛出到落下不过一两秒的时间，单次拍摄很难把握抓取瞬间的时机，使用连拍功能可以得到更多张照片，成功的几率也相对提高。摄影人最好在渔网脱手之前就按下快门，直到网落水为止，这样能捕捉到渔民一连贯的动作，也更易抓住渔网完全散开的一瞬。

4. 使用中长焦镜头拍摄。拍摄渔民撒网的场景时我们与被摄主体是有一定距离的，这时，用中长焦段拍摄不仅可以更好地抓取细节特写，同时也排除了周边杂乱的干扰元素，要知道，拍摄这种场景时往往是一群摄影爱好者集体出动，每个人站的位置都不同，同行的人经常是你构图时的最大障碍，这时，就要用长焦端将他们赶出你的画面。

5. 构图时寻找暗色背景。半透明的渔网需要用深色的背景加以衬托，最好的选择就是连绵的群山。

6. 选择A档光圈优先模式拍摄。使用光圈优先模式拍摄有助于我们更好地控制曝光和快门时间，拍摄时将感光度设定在ISO100~400之间，曝光速度在1/250秒上下时可以保证渔网与水滴的清晰度，而光圈大小一般在F11左右，保证前后景别的清晰。

7. 降低曝光补偿。渔网在逆光下亮度极大，为了避免过曝或欠曝的情况出现，拍摄时选择矩阵测光模式对高光边缘测光，适当降低曝光补偿。

8. 注意一些小细节。并不是只有抓住渔网张开的一瞬间才是好照片，这样的场景千篇一律未免流俗，当其他人都在等待撒网时，你去寻找一些与之相关的小细节，如岸边的水鸟芦苇、远处的扁舟、渔船上的旧桨、渔民解开渔网上的结扣，用这些元素构图或单独特写，更能突显渔歌人家的水上情怀，让你的照片脱颖而出。

你撒网捉梦
忘了时间忘了容颜
送了春秋别了前尘
三年化石 七年为玉
误入一粟 静待樽下
相形鱼一条

《一网夕阳》摄影 何晓彦

拍摄数据：相机 尼康 D300 焦距 24mm 速度 1/500 秒 光圈 11 感光度 ISO400 白平衡 自动

拍摄渔民撒网最好是在早晚，但此时光线微弱、光比较大，极难做到准确曝光，摄影人同时又要兼顾渔网形状的优美，这就需要在准备充足的前提下做好多方面的考量，故而好的撒网作品很是难得。这张照片拍摄于日落之后，太阳只剩一角羞涩的容颜，柔和的光线为江面撒上一层余晖，逆光中，渔民、扁舟和远方的群山形成画面中的一个个剪影，在这些剪影的映衬下，半透明的白色渔网清晰可见，渔网完全张开的形态也是作品的精彩之处。

拍摄古桥 一 烟柳画桥

烟柳画桥，风帘翠幕，江南的情怀就是小桥流水，杨柳垂岸，温婉、恬静，拍出来的照片似画又似诗，在这些画面中，古桥与水岸亭榭是最具代表性的。

千百年来，城镇的建筑随着人们的迁移而改变着，唯一不变的，是那些贯穿小镇的河流以及架驻在河流上的桥梁。作为拍摄对象，古桥不仅有它的观赏性，更兼具了实用性，我们在拍摄时要注意将其与周边环境相融合以突显它这种特性。中国的古桥千变万化，极具装饰性与地方特色，拍摄古桥，就好像拍摄一个城镇的名片，几乎每一座桥梁的背后，都有一段有趣的故事或独特的历史，摄影人在拍摄之前最好翻阅这些相关信息，将其加入到你的照片注释中，赋予画面中的桥梁以灵魂，让作品生动起来。

在构图上，一般都会将桥梁作为引导线，贴近侧拍，用流畅的线条将观者的注意力吸引到水边的风景上，考虑到桥梁狭长的特征，摄影人应使用广角镜头尽可能地将被摄体纳入画面中。水面的倒影、两岸的楼阁、缓缓行来的扁舟，都是帮助构图的绝佳元素，如诗中所述的"烟柳画桥"，我们不妨将岸边的柳条作为前景，透过柳枝的间隙拍摄桥梁，用天然的画框来装饰风景。除了直接拍摄桥体以外，也可以选择站在桥上拍摄，以暗喻的手法表明你所在的地理位置，站在桥中间将缓步走来的行人纳入镜头中，把风景与生活结合起来，有那么一瞬间，你会不会恍惚希望自己是那撑伞的许汉文，正待那白衣飘飘的仙子微微一笑。

拍摄古桥可以用广角头捕捉整体，也可以用长焦头刻画细节。古桥上的栏杆、石砖上的青苔、桥头的题字，都是很好的拍摄对象，这些细节有助于凸显桥梁的历史感。记住，桥洞也是桥梁的一部分，将桥洞作为画框拍摄远景，会让画面更具纵深感和层次感，风景的意味也更加深远。

你不能不知道的风景摄影中的"桥"

现代桥梁的最佳拍摄角度一般都是从高空俯拍；侧面拍摄大桥时，要尽量使用广角镜头；采用 45 度角仰拍大桥梁时，可以让桥梁在画面中成为一条斜向的透视线。

拍摄桥梁很多时候需要用广角镜头来完成，摄影人如果想加大线条的形变来得到夸张的艺术效果，仅仅使用普通的广角端是不够的，这个时候，我们要用超广角镜头或鱼眼镜头进行拍摄。

正午的强光一般不适合拍摄风景照片，但是用来拍摄钢铁结构的大桥时，会得到出乎意料之外的效果哦。

《看画》 摄影 何晓彦

拍摄数据：相机 尼康 D300　焦距 42mm　速度 1/1 000 秒　光圈 8　感光度 ISO200　曝光补偿 −0.33

这张照片胜在构图，摄影人以桥为前景拍摄远方的景物，利用桥洞形成天然的画框衬托远景，使画面更加均衡平稳，小光圈保证了远景的清晰。虽然照片中没有看到具体的桥的形态，但是观者却能明白桥在构图中的重要地位，这是拍摄者在利用人们对日常事物的联想能力为照片增添韵味。

草木风景拍摄 一 一岁一枯荣

朝花夕拾，草木枯荣，惊飙拂野，林无静柯。草木的魅力在于一岁一枯荣，早春脆嫩，盛夏繁茂，丰秋绚烂，严冬寂寥，四季风景各不相同，生命虽短却也精彩。在摄影人眼中，这就是时时世世各自不同的风景，是值得用相机跟随的画面。

拍摄草木的最佳季节是盛夏与严冬。夏季是草木短暂一生中最为绚烂的日子，我们用镜头捕捉的是它们的繁茂与向荣；而冬季雪地中尚未凋零的野草虽形单影只，却可凸显出生命的顽强。拍摄草木最大的优势在于不必去特定的场合刻意寻找，只需俯下身子去细心观察这些微小的植物，墙头、路边、原野、峭壁，生命无处不在，风景随处可见。

草木拍摄注意事项

1. 观察拍摄环境。野花野草生长的环境多为郊外或人迹罕至的废墟，在这种场景中，背景很容易趋于平淡或过于杂乱，如何让拍摄主体在画面中凸显出来，我们首先要做的就是细心观察拍摄环境，尽量选择与拍摄主体在影调或色彩上反差较大的场景作为背景，观察角度宜由远及近，从整体出发逐步缩小拍摄范围。

2. 使用长焦镜头或微距镜头。微距镜头在第一章已经谈过，是喜爱拍摄花草昆虫的摄影人必备的镜头，它在表现植物的细节、质感与纹路上极为出色；长焦镜头则是用来排除画面中不必要的干扰，利于摄影人观察环境，对拍摄主体切割构图，尤其是在我们想要扑捉驻足于花草上的蜉蝣彩蝶时，长焦镜头可以在不打扰拍摄对象的前提下安静取景。

3. 合理构图。拍摄花草时，一张照片内不宜放入太多对象，通常一株或两支交相辉映的植物可以构成一张十分出色的特写照片，若主体过多画面则会杂乱不堪。

4. 控制景深。景深的控制与光圈、焦距、拍摄距离这三点密不可分，拍摄花草特写时，大光圈是我们最常用到的方式，使用 F2.8—F4.5 范围内的光圈拍摄，可以将杂乱的背景排除在焦平面之外，以突出主体，我们称这种方法为分离聚焦。同时，这种方法还可以配合更高的快门速度，以凝结昆虫振翅的瞬间动作。

5. 侧光或逆光拍摄。拍摄植物时,顺光难以表现质感,故而不建议摄影人使用;侧光能勾勒出植物的轮廓，而逆光下拍摄则能打造出一种透明的质感。散射光也是拍摄花草时经常利用的一种光线，有利于展现植物的影纹层次。

6. 使用闪光灯。即使是白天，我们也可以使用闪光灯来突出主体。闪光灯可以让植物的色彩更加艳丽，层次细节更加丰富，暗色背景曝光不足，打造出一种亦真亦假的视觉感受。

7. 随身携带一块背景纸。当环境过于杂乱时而不利于拍摄时，一块背景纸可以免去你的所有烦恼。

《背道而驰》 摄影 李继强

拍摄数据：相机 索尼 F828 焦距 7.1mm 速度 1/250 秒 光圈 8 感光度 ISO64 强制闪光摄影

　　提到向日葵，人们总会自然而然地联想到太阳，有一点美术修养的人，则会进一步想到梵高，不管是哪一种联想，都是饱满的金黄色充斥着整个画面，色调明亮而欢快，给予人一种温暖的积极向上的力量。迎合这种联想，多数拍摄向日葵的作品都是以暖色调为主，晴朗天气时利用自然光线构图，这样的画面固然美好，却也只能是糖水片的水准，有没有人想过反其道而行之呢？是不是大部分人都忘记了太阳落山后的向日葵的样子呢？

　　这张照片拍摄的就是日落时分的向日葵，作品的整体基调趋于冷调，拍摄者使用闪光灯打亮了向日葵的叶脉，着重强调了植物的质感与轮廓，照片上的景物由左至右影调逐渐加深，近景远景在亮度和色彩上的对比一下子拉开了画面的空间感与纵深感。

树木风景拍摄 — 独木成林

树，在这颗星球上已经存在了四亿年，全球三分之二的生物依赖树而生存，树为我们提供空气、水、碳以及土壤，它是生命的根源。在一些民族的信仰中，人由树中诞生，当生命结束时，灵魂依旧会回到树上。每一棵树都是有灵魂并且独一无二的。拍摄风光不一定非要走入深山莽林之中，森林有其悠远神秘的魅力，但独木亦可成林，一棵树也是一道风景。

拍摄单棵树时，要注意把握其姿态、与周边环境的映衬融合、枝干的纹路细节、光线在树干上打出的影调以及拍摄角度，简言之，拍摄树木与拍摄人像从某些方面来说有异曲同工之妙，在所有这些注意事项中，摄影人的拍摄角度在很大程度上起着决定性的作用。

拍摄树木大抵有两种角度最为常用，一种是水平拍摄，另一种就是在树下仰拍，两种机位都可以很好地表现出树木的挺拔身影。水平拍摄可以展现树的全貌，配合使用广角镜头的话，更可以利用透视效果增强视觉冲击力与空间感；树下仰拍同样是利用透视效果让树木看起来更加高耸伟岸，这种仰拍的方式经验丰富的摄影人可以盲拍，初学者最好还是躺下来，乖乖地用你的眼睛构图。

拍摄一棵树时，我们通常会把被摄主体放在画面正中央，这样的构图均衡、稳健，并且能够很好地集中观者的视觉注意力。拍摄竖幅照片时尽量在画面下方留出 1/5~1/4 的空间，让构图有所延伸；横幅照片则应在画面上方给天空背景留出一定的空间，避免照片边缘切割到树冠。如果天空过于明亮并且没有云朵，用偏振镜让蓝天更加深邃。一些时候，我们也可以在构图中多纳入一棵树，使其与被摄主体形成伴侣般的呼应关系，为照片增添趣味性。

拍摄树木的最佳时间仍然是早晚两个时段，此时天空层次丰富，可以作为很好的背景题材；太阳初升或落下时的侧光与逆光，可以很好地勾画出树木的轮廓，适宜拍摄剪影，而投射在地面上的枝干的倒影，又是另外一番风景。

除了拍摄树木的整体形态，我们还可以局部取景，树木的每一个部分都是很好的拍摄题材。如老人容颜般饱经风霜的树皮、盘绕交错的树根、形状优美的树叶、切割天空的枝干，走近树木，用镜头从不同角度逐寸拍摄，捕捉那些富于质感的细节，往往能得到意外的佳作。在多云或光线较弱的情况下，使用闪光灯压暗天空，可以让树木在画面中更加突出，尤其是在拍摄局部特写时，闪光灯的使用可以进一步增强照片的质感。

将一棵树当做你的至爱情人，为之放弃一片森林也未尝不可。

《树的姿态》 摄影·何晓彦

拍摄数据：相机 尼康 D300 焦距 18mm 速度 1/250 秒 光圈 10 感光度 自动 白平衡 自动

嶙峋的手指
婀娜的表情
哭泣的姿态
粗糙的年轮

我见过这样一个女人

她的断臂指向青空
她的双脚踏入大地
她愤怒过 忧伤过 彷徨过 苍老过
独独没有屈服过
她的伤害与被伤害在同一时间发
生 又在那一时刻结束

她将情感的爆发刻入手掌的脉络
中 接着又将它们深深烙在面颊

我望着她心中涌起不可思议的爱恋

在这一瞬间的当下

我渴望抱着她的身躯和她一起融
入滂沱大雨中
我渴望抱着她的身躯和她一起燃
烧情欲火海里

在这一瞬间的当下
我应怀抱生命 死于树下

148

拍摄枫叶 —— 寒艳招春妒

有一种色彩，即便是晨曦中的朝阳也嫉妒它的艳丽，春日里的百花也会为它的丰富多变而自愧不如，寒艳怎能不招春妒，每到丰秋，这色彩漫山遍野，深深浅浅铺天而来画笔所不能及，画笔不能及的我们就用镜头来捕捉记录，这便是枫叶的色彩。

"停车坐爱枫林晚，霜叶红于二月花"拍摄枫林景观的最佳季节是深秋，尤其是在北方的一些地区，秋末冬初，红叶尚未凋零，轻雪已覆天地，两种色彩交相辉映对比强烈，雪后的森林充满仙境般的梦幻感，而在这种天气条件下拍摄时，首先要注意的就是曝光。冬日雪后多为晴朗天气，能见度高，在这种天气环境中拍摄，选择矩阵测光模式即可，为了能够更好地还原白雪的色彩，摄影人应该在正常曝光的基础上增加一档至两档的曝光补偿。此时画面色彩是大面积成片出现的，在光线充足的条件下，使用小光圈拍摄可以强调照片的质感。

在拍摄角度的选择上，自上而下使用广角端俯拍，可以增强树木与雪地的对比，太阳刚刚升起时，树梢的冰雪在阳光照射下渐渐融化，展露出枫叶艳丽的色彩，而地面上的残雪似银装轻纱，又如浪涛卷岸，这样的场景由全画幅照片呈现出来时，自然别有一番幻境风味。

拍摄时还要注意画面中的线条。随着光线的逐渐增强，地面上的残雪愈来愈少，遗留的冰雪在树林中交错相映，形成一条条天然的视觉引导线，拍摄时利用这些线条构图，可以增加画面的层次感与纵深感。

最后要注意的是白平衡的选择，枫叶会反射红外线，使用自动白平衡拍摄容易造成照片偏色，拍摄大面积的枫林景观时这种色彩的饱和溢出无疑会使画面更加丰富而具视觉冲击力，倘若你想强调的是枫叶的细节，过于浓郁的色调反而会适得其反，此时，我们应选择手动白平衡来纠正这种偏差。

拍摄技巧小提示

单反数码相机内置了很多滤镜，有机会尝试使用一下这个功能，你能发现更多的拍摄乐趣。譬如，移轴模式可以让你在拍摄城市风光时得到微缩景观效果一般的照片；柔焦模式可以风景呈现出图画般的质感；水彩滤镜能够调和正午强烈的高光溢出。记住，滤镜效果只对 JPEG 格式照片有效。

午后 3：49
我在边域荒城静候百年孤独
孤独不来
来了一袭扰人心神的秋日暖阳
怎么办 怎么办
只好放下孤独
投身翠屏碧岭

《秋水漂彩叶》摄影 李英

拍摄数据：相机 尼康 D800 焦距 70mm 速度 1/100 秒 光圈 2.8 感光度 ISO100 白平衡 手动 曝光补偿 0.33

　　拍摄秋天的枫叶，有的人喜欢将漫山遍野大片燃烧的热情统统收入取景框中，有的人则钟情于独一无二的那一叶相思，只愿镜头中出现它一个身影，从此执手百年，相凝中再无其他。在这张照片中，摄影人所拍摄的并非仍在枝头的红叶，而是已经飘零的落叶。清澈的溪流中，几片红叶与水底的石头形成鲜明的对比，色彩饱和度极高的画面一下子抓住了观者的所有视线，这样的照片是赏心悦目的。

公路摄影 — 在路上

每一个风景摄影爱好者都是在路上的旅人，行走，是我们的本能。公路摄影在一定意义上与公路电影有异曲同工之妙，二者所表现的都是一种存在主义美学，路，连接着当下、过去与未来，它通向远方，也通往着未知的世界。在路上，是一种逃离现实的状态，更是一个探索成长的过程，在自我放逐中，我们会重新思考生存的价值和意义。所以，公路片可以是茫然、颓废、孤独、寂寥的，也可以是迎向朝阳充满希望的，公路摄影，是最容易反映出人内心世界的一种风景摄影类别。

无论是现代的高速公路，还是古老的乡村小路，亦或是盘旋向上的山路，在画面上都会呈现出一种无限延伸的特性，基于这个特点，拍摄公路风景通常建议使用广角镜头，它更有利于表现画面的空间感和纵深感。

要拍摄好公路风景，首先要了解道路在构图中的重要作用。摄影人要清楚，公路不止是你所要拍摄的对象，它更是画面中的引导线和帮助构图的线条，拍摄公路风景，其实就是拍摄不同形态的线条与环境的组合。常见的公路线条有 S 型线条与 C 型线条，前者一般出现在山区，后者通常出现在平原。

公路风景拍摄技巧

1. 使用广角镜头尽量贴近地面进行拍摄，表现公路无限延伸的特点，营造出夸张的视觉效果。

2. 要表现公路在画面中的线条感时，最好寻找周边环境中的制高点进行拍摄。

3. 如果你要拍摄的是一条笔直的公路，在构图中纳入天空可以让画面更加丰富。

4. 留意道路两旁的风景，防护栏、路灯和道路两旁密集生长的植物都可以营造出一种对称的画面效果，增添照片的趣味性。

5. 注意沿途的路牌，一些带有特殊意义的路牌可以帮助摄影人确立拍摄主题。

6. 使用慢速快门拍摄，营造画面动感。

7. 拍摄城市中的道路时，留意路面上的斑马线。

8. 拍摄公路上的光线轨迹的最佳时间是清晨与傍晚，天空中的干扰光更有利于烘托照片氛围。

9. 使用"小光圈 + 慢速度 + 低感光度"的组合进行拍摄。

10. 隧道也是很好的拍摄对象。

11. 使用三脚架，拍摄公路时为了表现动静结合的特点，经常会延长曝光时间，这个时候，三脚架是画面清晰的保证。

最后，提醒摄影人一点，拍摄公路风景一定要注意来往车辆，自身安全是最重要的。

《东边日出西边雨》 摄影 何晓彦

拍摄数据：相机 尼康 D300 焦距 18mm 速度 1/640 秒 光圈 13 感光度 ISO160 白平衡 自动

　　在人生的路上，你不知道何时会遇到何事，刚刚还晴空万里，转眼便是一场急雨。这张照片，拍摄者在构图时地平线压至画面下 1/3 处，让丰富多彩的天空占据照片中大部分空间，天空与道路形成鲜明对比。在照片中我们可以看到，远方还下着连绵的雨，这边太阳已经偷偷从云层中探出一束光芒，东边日出西边雨，这样的景色是摄影人可遇不可求的。照片中的公路不仅是一条引导线，更重要的是，它的延伸增强了画面的空间感与纵深感，使照片更具表现力与感染力。

拍摄长城

　　长城，是中华民族智慧与力量的象征，这是我们小学就知道的事情。作为一个中国的风景摄影爱好者，此生若没有走过一遍长城，拍过一遍长城，那么，你的人生是不完整的。

　　历代长城总长为 21 196.18 千米，我们不可能都走上一遍，摄影人只要了解几个主要的拍摄景点就好，当然，若是你想拍出与众不同的照片来，大可自己去探索壮丽山河。

长城的主要拍摄景点

　　1. 嘉峪关：嘉峪关又称天下第一雄关，此处地势险要，城墙修缮保护较为完整，是拍摄全景和大场面风景照片的最佳地点。

　　2. 箭扣长城：北京境内最为雄奇险峻的一段长城，适合拍摄云海和日出。

　　3. 八达岭：旅游胜地，居庸关前哨，景色怡人。

　　4. 慕田峪：山峦叠嶂，植被覆盖率高。

　　5. 司马台：设计奇特，结构新颖，适合拍摄中近景特写。

　　6. 秦皇岛：这是一段古长城遗址，地势同样较为险峻，适合登高俯拍全景。

　　7. 贺兰山脚：同样是一段古长城，墙体低矮，地势也较为平坦，极具历史感。

拍摄长城注意事项

　　1. 避开黄金假期。长城是世界著名的旅游景点，每逢节假日一定人满为患，在这种情况下，根本无法拍摄。

　　2. 提前登城，预先做好准备，等待最佳拍摄时机。

　　3. 尽量使用广角镜头拍摄远景，拍摄箭扣长城的日出和云海时，可以使用广角定焦镜头。

　　4. 利用周围环境，在构图中安排前景增强画面空间感与层次感。

　　5. 留意那些残破的墙体和废弃的烽火台，这些元素可以表现出厚重的历史感。

你不能不知道的风景摄影中的"长城"

　　冬季是拍摄箭扣长城的最佳季节，大雪后的第二天往往会出现云海现象；拍摄箭扣长城的最佳时段是日出前和日落后。春季和秋季是拍摄八达岭长城和慕田峪长城的最佳季节，这两段长城植被覆盖率高，春秋季节色彩丰富、画面饱满。夜间的长城独具魅力，带上你的三脚架去发现意外之美吧。长城脚下居住的人家也是很好的拍摄对象。

《长城月亮》 摄影 苗松石

拍摄数据：相机 尼康 D300 焦距 17mm 速度 5 秒 光圈 9 感光度 ISO640 白平衡 自动 曝光补偿 −2.67

拍摄长城的照片很多，有从高空俯拍的，有在城墙下仰拍的，有拍摄长城连绵走势的，也用镜头记录一砖一石的，几乎每一个风光摄影爱好者，有生之年都会到长城游历一番，在他们所拍摄的照片中，月下长城的景观却不多见。

这张照片首先赢在立意上，白天的长城或许会让你感受到祖国山河的壮丽，夜晚的长城则更适合诉说历史的沧桑与无奈，在清冷的月光下，残破的城墙似乎在向你娓娓道来千年岁月。摄影人用仰拍的角度强调了城墙的高大，这高大与破败的墙体形成了鲜明对比。尽管是在夜间拍摄，感光度却并不高，拍摄者采用了长时间曝光的方法，并且降低了曝光补偿，确保了照片的画质与细节的清晰。

拍摄公园里的风景

公园分为两种，一种是大型的国家公园，另一种则是城市中心的休闲场所，我们在这章要讲的，是如何拍摄后一种公园中的风景，要知道，有些时候拍摄风光并不一定要走得很远，家门口的风景也别有一番滋味。

公园风景以秀美的小景别风景为主，故而，拍摄时准备一支 18-200mm 的标准变焦镜头最为合适。拍摄公园风景时我们经常会遇到场景过小或周边环境杂乱的情况，构图时要慎重思考，对拍摄内容进行取舍，明确拍摄主题，尤其要注意对环境的呈现。风光小景的特点是不易雷同，可以更好地体现出摄影人的审美倾向和拍摄技巧，很多大场面风光照中被隐藏和遗漏的细节，在小景拍摄时都会显露无疑。

记住，不是只有大场面的风光片才要求画面质量，小品和特写同样要求画质细腻，小景别的风景照片对色彩、明暗、形状和纹理的要求有时甚至高于大场景风光照。

公园景观拍摄技巧

1. 注意观察你的身边、脚下和头顶，拍摄风光小景不能以平常的观察习惯去取景构图，一定要另辟蹊径，尝试各种不同的拍摄角度。

2. 注意观察那些独立的建筑和雕塑，公园里的雕塑都是很好的拍摄素材，经过电脑后期处理，往往能呈现出与众不同的后现代意味来。

3. 利用水的倒影。多数城市公园都会设置人工湖或小池塘，水边一般都会建有亭台和桥梁，水中也会放养金鱼或锦鲤，拍摄时要将这些水景与周边环境巧妙融合，利用水中倒影构图、立意，让你的照片更具层次感与趣味性。

4. 学习将以往拍摄时的大场景风光转变为拍摄背景，用以增强画面的纵深感。

5. 控制景深。拍摄风光小景时最重要的就是控制景深，它可以帮助剔除画面中多余的元素，模糊背景，突出被摄主体。

6. 蹲下去拍摄。公园风景中最常见的就是花花草草，拍摄时最好寻找与其平行的视点或低于被摄主体的角度进行取景构图，这样不仅可以将天空作为背景凸显拍摄主体，更能增强画面的感染力和视觉效果。

7. 选择阴天拍摄。阴天柔和的散射光更有利于表现景物的细节和质感。

8. 给你的照片加边框。拍摄公园风景时，给照片加一个边框或题上两句诗，会让原本平淡的风景也变得意味深远起来。

拍摄技巧小提示

户外采风时，无论晴天、雨天或雾天，只要是在自然光线下，相机的色温都会在自动校正的 4 500—7 000K 范围内，所以，多数情况下摄影人只要选择白平衡自动模式就可以了。

《刺破青天》 摄影 何晓彦

拍摄数据：相机 尼康 D300 焦距 18mm 速度 1/400 秒 光圈 10 感光度 ISO200 曝光补偿 −0.33

回忆 在时间里沉淀
时间 在回忆中消失
一切有关记忆的都是假象
所有假象都是记忆的扭曲
你怀念童年 其实你还未长大
你祭奠青春 因为你已经衰老
回忆 披上斑驳的旧衣
只为满足我们一个愿望
莎呦哪啦 美好的昨天

用广角镜头拍摄城市风景

摄影家是行走的物种，作为人类中的一个群族，这伙人永远不知道何为停歇，旅行，是生活的意义，而在这漫长的旅途中，城市是可以休憩的港湾。人的一生中有两样事物永远不会忘记，母亲的面庞与城市的面孔，异乡即是他方的故乡，无论你身处何方，总是会在建筑中寻找熟悉的排列与感觉，这是一种情感上的错觉，摄影人需做的，就是要在这"错觉"中寻找灵感。

进入一座城市，首先映入眼帘的就是广袤的建筑森林，这是令人叹谓的文明的奇迹，拍摄这些雄伟的建筑群落离不开广角镜头。拍摄城市风景最常用的广角镜头焦距是 24mm~50mm，超广角固然拥有更大的视角范围，但是也会造成更严重的变形，而移轴镜头在操作和价格上都不适合普通的旅行摄影人，因而，标准广角镜头是我们的首选。记住，焦距越长，透视感越差；焦距越短，透视效果越好。

拍摄城市风景场地有限，使用短焦距拍摄必然会产生形变，这种形变作为一种夸张的艺术表现形式是值得借鉴的，但不适宜大量拍摄，如何在镜头中保持建筑物的完整又尽量避免形变呢？关键在于选择拍摄地点以及拍摄角度。一般城市地标性建筑周围多会环绕广场，这为我们拍摄提供了很大的便利，我们可以通过拉长物距来获得更大的视角；如果你要拍摄的建筑周边刚好没有空旷的场地，那么，我们需要改变的就是拍摄角度了，需要一处较高的建筑逐层爬上去，尝试不同视点下风景的变幻，针对同一建筑物，俯拍相较仰拍与平视获得的信息更多更全面。需要注意的是，过高的视点同样会造成形变。

利用广角镜头拍摄城市风景时，有一个词你一定要记住，就是"制高点"。这个制高点可以是高层写字楼、电视塔或者摩天轮，如果你是在群山环绕的都市旅游，登上临近城市的高山拍摄也是一个不错的选择。在制高点拍摄，有利于表现城市中现代建筑的层次感以及其与周边环境的呼应，画面更加宏大壮观。

选择好拍摄角度，接下来我们需要考虑的是构图的问题。使用广角镜头拍摄时，多数人习惯采用横幅画面，尤其是在拍摄城市风景时，横幅画面能够更好地展现出建筑群的错落林立，而大胆的人，则会选择竖幅画面，相较于横幅画面，竖幅的照片更能体现出建筑的高大巍峨。用竖幅画面仰拍高耸的建筑群，通过压暗、反转等后期处理可以营造出一种大厦将倾、群山欲倒的压迫感，这样沉重厚实的城市风景照更能给观者留下深刻印象。同时，竖幅照片也更利于展现都市风景中街道的纵深感，要知道，组成城市的不仅仅是建筑，还有纵横交错的街巷，这些街道是延伸画面的最好线条。

使用广角镜头拍摄城市风景时一定要将相机设置到小光圈，这样才能清晰地展现出远近建筑的细节。在光线的选择上，正面光利于表现细节，前侧光则能更好地勾勒出建筑群的轮廓。

《龙江第一塔》摄影 李英

拍摄数据：相机 尼康 D800 焦距 29mm 速度 1/50 秒 光圈 16 感光度 ISO125 白平衡 自动 曝光补偿 -0.33

使用广角镜头拍摄城市森林所要注意的一个关键就是"制高点"，很多人都有恐高症，站在高处进行拍摄对他们来说想想都是恐怖的，奇怪的是，这种症状在超过一定高度后反而会奇迹般地消失，似乎是到达这个高度后，10 米与 100 米之间并无差别，天地万物的变幻皆在一念之间，在这个高度上，人的心境忽然云淡风轻豁然开朗，眼界也随之放开，而这种"放开"往往会成就不少佳作。

我想，喜欢高空摄影的同好也许就是享受这种放开一切的感觉，站在这个高度，世俗的烦恼与日复一日千篇一律的生活仿佛与我们无半点关系，故而才能以单纯欣赏的目光去重新审视这座城市，发现往日里不曾留意的风景。

拍摄建筑
——一叶障目不见泰山

拍摄以建筑群落为主角的城市风景时，一般摄影人的惯性思维都是用广角端捕捉建筑物的全貌，这是一张安全牌，不会出错也少有出彩，好的摄影师观察细节，懂得取舍，以小见大，用片段谱写城市的乐章。拍摄建筑物的全貌需要技巧，而选取细节凭借的则是摄影人的想象力和感觉，对于画面中几何线条的安排更多的是源自于一种对艺术和美的直觉，例如拍摄教堂，除了十字架、天使雕像等具有宗教意义的装饰物外，墙上的雕花、圆形的窗户、尖顶和回旋楼梯，以及教堂上空飞翔的鸽子，都是可以很好烘托氛围的拍摄对象，这些元素让照片更具故事性与说服力，有情感的照片才能称之为作品。

前面的一节讲的是如何使用广角镜头拍摄城市森林，这里我们要变换视角，去观察那些建筑物的细枝末节，那么，所使用的拍摄工具也必然要做出改变，于是，长焦镜头将作为我们的利器。使用镜头的长焦端拍摄可以更好地隔离出建筑物的局部特征，压缩透视感，让重复的几何图案在画面中被放大夸张，当我们用长焦镜头将几个建筑物的局部结合在一起时，往往能够营造出一种形如后现代派艺术效果的视觉冲击力。拍摄城市风光最好使用变焦镜头，以方便我们随时调整焦距精确构图。

关于摄影用光，表现建筑物细节图案的最佳光线是正面顺光，除了晴朗天气外，阴天环境下的散射光也是勾勒建筑外貌细节的绝佳光线。考虑到现代建筑的外墙装饰多为反光材料，要捕捉这种质感多采用前侧光拍摄，这时，偏振镜是消除强烈反光，在保留质感的条件下清晰再现细节的好帮手，同时，使用偏振镜还能加深天空的色调，让画面看起来更加丰富饱满。在合理利用自然光线之外，摄影人亦可以使用闪光灯来增强石壁、砖瓦的质感，当然，这要在建筑材料不反光的前提下进行，闪光灯适用于拍摄教堂、古城墙或石桥等年代感较强的建筑物。

拍摄建筑细节的重点在于将画面中不必要的元素剔除，遵循摄影的减法原则，我们除了用长焦镜头拉近被摄体外，还可以采用大光圈模糊背景的方法，或者用点测光模式拍摄剔除暗部，正所谓一叶障目不见泰山，"剔除法"和"模糊法"之外，"遮挡法"也是一种巧妙而不失趣味的方法。所谓"遮挡法"即是在镜头中放置足以吸引观者大部分注意力的前景或利用环境搭建的画框，营造出一种欲盖弥彰的氛围，这里的"画框"可以是门廊、围栏、窗棂或者自行车的辐轮，任何一个几何图形带有空隙的物体，都可以用来作为"画框"使用，甚至是两个建筑物之间形成的夹角。画框可以集中观者的注意力，好的画框会与拍摄体形成色彩或形态上的鲜明对比，辅助构图，对于一些线条型的画框，用大光圈虚化其可以增强画面的纵深感。

最后，有一个小技巧提供给大家——"一米距离"，与你要拍摄的对象保持一米距离，这个距离，可以观察到更入微的细节，又不会忽略周边环境，更有利于摄影人融入场景体验情感。一米距离，跨一步，你是画中人；退一步，与美面对面。

《画檐》摄影 何晓彦

拍摄数据：相机 尼康 D300 焦距 21mm 速度 1/125 秒 光圈 5.6 感光度 ISO160 白平衡 自动

　　"堂以宴、亭以憩、阁以眺、廊以吟"，中国古典建筑与传统礼乐文化紧密相关，极为讲究审美情趣与实用性的结合，故而在细节装饰与色彩搭配上都有详细的立法规范可循，而这些美轮美奂、巧夺天工的细节特征自然成为摄影人拍摄时的主要对象。

　　这张照片的拍摄主题便是屋檐上色彩艳丽的绘画装饰，作品的出彩之处是拍摄角度和构图，摄影人采用仰拍的角度截取了建筑的一部分，微微倾斜的屋檐形成了一种即将倾倒的视觉效果，让画面更具真实感。构图中右侧的大片树冠不仅填补了画面的空白，更在色彩上与屋檐形成一种强烈对比，增强了照片的视觉冲击力。

如何拍摄街角的风景

城市不单单由建筑组成，还有星罗棋布的街巷和生活在其中的人们，因而，城市风景摄影的拍摄对象也不单单是砖瓦堆砌的堡垒，街角的风景，才是一座城市的生命所在。

扫街是捕捉街巷风景最常用的一种摄影方式，没有特定的拍摄对象和地点，也不要求相机如何高端专业，只要带着一双善于观察的眼、不知疲累的腿、一颗挖掘美的心以及足够的时间，无论白天黑夜，我们都能在街头的转角与风景邂逅。

街头风景拍摄技巧

1. 轻巧的装备。街拍对画质的要求不高，小巧的普通数码相机就可以胜任，使用单反数码相机时，应配置一个 18~200mm 的标准变焦镜头以应对拍摄场景的转变。

2. 选择熟悉的场景拍摄。在你经常活动的场所拍摄，你的优势要比那些不熟悉这里的摄影师多得多，因为你生活在这里，日常的观察让你更清楚那些景物搭配起来更具美感，应对突发状况也更游刃有余。

3. 观察人们的活动。城市风景不局限于静态的建筑拍摄，在这其中生活的人们也是风景的一部分，注意观察那些街边的小贩、散步的老人、相拥的情侣，将建筑与风土人情融合在一起，你的照片才更加真实而富有生命力。

4. 预知瞬间。摄影人应当具备敏锐的判断力，在观察的同时推测事物发展的轨迹，在高潮发生前准备好相机，随时按下快门，记录决定性的瞬间。

5. 拍摄代表地域特征的标志。街道指示牌和门牌是最具地域特征的标志，再没有比它们更加明了的指代，它们不仅可以告诉观者照片的拍摄地点，也为你的游记增添了一丝趣味，而在一些老城的门牌背后，更是蕴含了一份历史的沧桑感。

6. 寻找视觉符号。现代都市充斥着各种各样的视觉符号，广告牌、涂鸦、灯箱、LED 墙，将它们作为拍摄主体，可以让你的照片更具时代感。

7. 捕捉街巷中的线条和各种对称元素。城市中布满各种各样的线条，如交叉的街道、斑马线、护栏，这些线条排列有序，合理安排，将它们作为画面中的引导线吸引观者的注意力；城市公共设施大多遵循对称的设计原理，在心理学上，对称的图案更易让人产生舒适感，将它们纳入镜头中，可以让你的照片更具可观性。

8. 慢速快门表现动静结合。支上三脚架，将相机的拍摄模式设置为快门优先，快门速度低于 1/30 秒，按下快门键，画面中移动的人群和车流汇成的线条让都市生活看起来更加喧闹繁忙；或者撤掉三脚架，对拍摄主体半按快门，跟随拍摄主体移动镜头，当拍摄对象进入取景框中预定的构图位置时，按下快门，继续跟随主体移动相机，这样也能得到一张动静结合的照片。

9. 利用建筑物的反光。利用高楼大厦或商店橱窗的反光拍摄镜中影像，这种视角更加独特，也让照片看起来更具时代感。

10. 拍摄街头的流浪猫。流浪猫是街巷常驻人员中重要的一份子，将它们纳入的你的镜头中可以让照片增添几许温情，拍摄时要由远及近，让猫咪慢慢习惯你，才能展现出其自然的一面，而远拍也有助于你将周边环境与拍摄对象更好地结合在一起。

11. 夜景拍摄注意事项。我们说过街拍不限时间地点，夜间的街头景象自然别具一番风味，拍摄时调高感光度，打开闪光灯，或者选择手动对焦模式，这些都是前面章节说过的夜景拍摄的注意事项，如果你钟情于夜间街头摄影，那么考虑更换一个定焦镜头，定焦头往往都会提供大光圈，有利于接收更多光线。

《老街一隅》 摄影 何晓彦

拍摄数据：相机 尼康 D300 焦距 22mm 速度 1/400 秒 光圈 9 感光度 ISO200 曝光补偿 −0.33

这张拍摄街景的照片在构图上采用了两条对角线叠加的方式，沿街的楼宇是一个大的对角面，镜头前景中的街牌又是一个对角面，两条对角线将观者的视线集中在画面中央，在第一眼被吸引后，又会不自觉瞥向两旁的风景。这便是百年老街的魅力，即使只是一个普通的街牌，也能让你驻足品味其中缭绕的万般滋味。

拍摄废墟

城市是人类文明两个极端的综合体，一面是大刀阔斧的创造更新，一面是不留情面的遗弃破坏，每一个时代走过都会留下残影，这残影就是废墟。繁华的街道上演着灯红酒绿与浪漫，高大的建筑令人赞叹和折服，而废墟，是见证与记录，残破的砖墙上铭刻着人们的回忆，长满野草的院落回荡着往日的情怀，在废墟中，我们要寻找与拍摄的是一种忧郁、颓废与怀旧的画面，用镜头捕捉这片残土上盛放的回味的花朵。

拍摄废墟讲求曝光与技巧，也少不了工具的辅助，拍摄前应做好准备工作。同时,我们还要注意这样一点，因为是在人迹罕至的废弃建筑物中拍摄，建议摄影人最好结伴出行，以应对突发状况。

废墟拍摄技巧

1. 尽量选择晴朗天气进行拍摄。废墟中的光照条件很差，阴雨天拍摄几乎没有自然光线，同时也增加了拍摄环境的隐患，我们不必为了刻意追求压抑的感觉而在这种天气出行。穿透墙上缝隙射入建筑的阳光不仅可以为画面增添一份生机，也是我们构图的绝佳元素，这种强烈的对比更能突显出不被光线照射的角落的深沉与阴暗。

2. 带上外接闪光灯。在自然光有限的环境中，闪光灯是你照亮拍摄对象必不可少的工具。

3. 准备一支 LED 手电筒。手电筒不仅可以帮助你观察拍摄环境，更是废墟拍摄中提供光源的重要工具。闪光灯固然可以照亮画面中的部分区域，但同时也会形成阴影区，使用手电筒可以避免这一状况的发生。相较于闪光灯而言，手电筒的光线更加自由、精确与柔和，摄影人可以根据拍摄意愿去控制光线的照射地点与时间，在长时间曝光中，手电筒是你最好的助手。

4. 使用三脚架。废墟中光照条件有限，想要获得清晰的照片多半需要选择长时间曝光模式拍摄，而在这种模式下三脚架是你必不可少的支撑。

5. 带上广角镜头。废墟中可以活动的空间有限，广角镜头增加了拍摄的可能性，让场地看起来更加空旷，这种空旷无疑为画面增添了寂寥的氛围。

6. 控制曝光。在废墟中拍摄就好像夜景拍摄一样，使用自动曝光模式得到的照片往往差强人意，在光线如此恶劣的环境中，想要得到一张清晰照片光圈与快门速度两个方面都要兼顾。通常情况下，拍摄废墟不建议摄影人使用大光圈，F8~F11 的光圈基本可以保证画面中背景与前景的清晰，而在自然光线极其微弱的环境中，借助人造光源，20~30 秒的曝光时间是场景得以呈现于画面的基本保证。

7. 打破常规视角。在不同寻常的地方就要用不同寻常的视角拍摄，有时，机位的轻轻移动会带来意想不到的画面效果。降低机位仰拍建筑内部可以强调空旷的氛围，而倾斜画面则能营造出一种失踪之地迷离彷徨的感觉。

8. 注意观察细节。在废墟中，我们要拍摄的对象不仅是那些残破的建筑，更要注意观察人类活动留下的遗迹，墙上的涂鸦、失去照片的镜框、斑驳的书本，这些都是可以增加画面灵魂与故事感的元素，有了它们，照片才有怀念与祭奠的意味。

9. 需找生命的踪迹。生命存在于任何地方，即使是在被遗忘的废墟中。拍摄时，寻找那些生长于断壁残桓上的植物或者角落中野猫的巢穴，恶劣的环境与顽强的生命形成的对比会让你的照片更具震撼力，这些盛开在人类文明之外的繁华更易感动人心。

《历史之殇》 摄影 李继强

拍摄数据：相机 尼康 D300 焦距 35mm 速度 1/500 秒 光圈 11 感光度 自动 曝光补偿 −0.67

醉心于黑暗的人不一定就是性格阴郁的人，很多时候，我们只是想在那一片漆黑中寻找一种安全感，就像有些人能在光与火的温暖中找到依赖，而有些人，只有完全的沉默和无声的凝视才能使之放松警惕，安静下来。

那些拍摄废墟的人，一定是些情感极为敏感的人，他们可以从墙壁上的每一道划痕中摩挲出爱情的刻骨铭心，他们可以从字迹模糊的日记中臆想出百年的时光荏苒，他们在黑暗中观察，寻找哪怕一丝光的可能，拍摄废墟的人，看到的不是表面的美，而是更深层次的，藏在事物灵魂内部的悲伤、无奈与震撼。

对于摄影人来说，正能量是大把的风景，而在黑暗中寻找光明这种事情，只有艺术家和真正的冥思者才会去做。

第四章 CHAPTER FOUR

SUO
FA

　　法，一作方式、方法，二作标准、规范，所谓索法，就是以众家－认可的标准为基础，在其中归纳探索出更为便捷易懂的方法。

　　"索法"是为了让摄影人在拍摄中节省时间、避免失误而进行的方法总结，是向前人经验的学习，这一步是索求；而在学习的过程中，摄影人更要归纳总结出自己的经验，让原本的拍摄方法得到进一步的提升，这一步，是探索。

　　"索法"中所讲的都是最基础的内容，关于光圈、曝光、感光度等，正是这些基础完整了你的拍摄过程，所以，这章的内容虽然看似简单，却不可忽视。

风景摄影拍摄工具
—— 全画幅相机

什么是全画幅相机？

全画幅单反数码相机是针对传统 135 胶片的尺寸而言的。传统照相机胶卷尺寸为 35mm，其感光面积为 36 x 24mm；现今市面上的单反数码相机感光元件尺寸大多都比 135 胶片的尺寸小，有效感光面积通常为 23.5 x 15.5mm 或 18 x 13.5mm，这就是我们所说的非全画幅相机；当数码单反相机的 CCD 尺寸和 135 胶卷的尺寸相同，皆为 36 x 24mm 时，我们称其为 "全画幅" 相机。

为什么选择全画幅相机？

1. 在相同的条件下，单反数码相机感光元件的尺寸与成像质量的高低是成正比的。全画幅相机的感光元件尺寸大，同等像素下，单个感光像素的面积大，具备更好的感光性能，这就意味着更少的噪点和更宽广的动态范围。

2. 成像视野大。全画幅相机的感光元件与传统 135 胶片一样大，也就是说，相比较非全画幅相机它是没有焦距转换系数的。同样的镜头，在全画幅数码单反上使用时，焦距不变；而在非全画幅数码单反上使用，焦距要以 1.6× 计算，譬如，24–70mm 的镜头焦距会变成 38–122mm，缺失了广角焦段。

全画幅相机对风景摄影意味着什么？

1. 风景摄影对画面质量的要求极高，而画幅直接影响画面品质。由于噪点少、动态范围大，全画幅相机的画面纯净度更高。

2. 全画幅相机的曝光宽容度更大，色彩层次丰富，细节表现力强，在光线变化极大的户外拍摄环境中，占据绝对优势。

3. 宽广的视野范围意味着在同样的拍摄地点、取景角度和相同焦距下，全画幅相机取景画面更大，构图更轻松，倍受经常使用广角焦段拍摄大场面风景的摄影人青睐。

拍摄技巧小提示

尽管现在的数码单反相机可以包容更多的色彩，但仍有很大一部分摄影人钟情于黑白风景摄影，对比胶片时代的黑白摄影作品，数码黑白照片有时反而会在层次与影调上略逊一筹，如何让你的数码黑白照片更具质感呢？答案就是在后期处理上多下功夫，比起一键去色，使用 Photoshop 中的计算工具转换的黑白照片层次更为丰富。黑白风景摄影中有一个误区，很多摄影人都认为直接拍摄黑白照片的画面效果要优于电脑后期处理，因为后期处理会损失画质，其实不然，使用彩片模式拍摄时，我们的数码单反相机可以提取出更多的颜色信息，画面中的层次与影调会更为丰富，在后期处理时我们可以通过计算将这些层次保留下来。

《宁静的远方》 摄影 于庆文

拍摄数据：相机 尼康 D700 焦距 34mm 速度 1/100 秒 光圈 8 感光度 ISO200 白平衡 自动

这张照片使用尼康 D700 拍摄，它是除佳能 5D Mark II 外最为被中国摄影人广泛接受认可的全画幅数码单反相机。

照片色调丰富饱满，色彩还原度极高，无论是天空中被霞光渲染的云层，还是晨雾笼罩下朦胧的远山，以及水中的倒影和茂盛的野草，都完整地在画面中得到重现，层次细腻，影调清晰，使观者在欣赏时能得到一种身临其境的视觉享受。

风景摄影有一个很重要的功用就是观赏性，相比较纪实摄影或商业摄影，它更追求美的意义而胜于实用价值，在追寻美的道路上，一台功能出色的相机是你最好的伙伴。

"无敌兔"的传奇

"无敌兔"是摄影发烧友们对佳能 EOS 5D Mark II 单反数码相机的昵称，5D Mark II 是佳能 2008 年推出的准专业级全画幅单反相机，自面市以来就格外受到风景摄影爱好者的推崇。

对风景摄影而言，单反数码相机的像素越多越好。"无敌兔"拥有 2 110 万的超高像素以及全画幅 CMOS 图像感应器，画质出众，画面细节得以完美再现。

"无敌兔"15 点对焦系统中包含 9 个自动对焦点和 6 个辅助对焦点，不仅提高了每个对焦点的精准度，还强化了各对焦点之间的联动。这对于经常外出采风的风景摄影人而言，意味着更为便捷的构图和更加清晰的画面，对焦的准确度提高了创作成功的几率，让摄影人的每次出行都充满了惊喜。

5D Mark II 的常用感光度能达到 ISO6 400，并可以扩展到 ISO25 600，这对于喜欢在弱光环境中拍摄的朋友来说是不可多得的，并且它的噪点极少，丝毫不会影响到画面细节和影调的再现，因而，在风景摄影中，无论是拍摄夜泊秦淮还是渔歌唱晚，漫天的火树银花还是剔透的冰灯冰雕，"无敌兔"都能得心应手。

"无敌兔"甚至有自己专门的摄影派别，不同于 N 派或 C 派，这是一个单独的只研究一款型号相机的摄影派别，并且热衷者不在少数，他们爱好大场面的风景，爱好大江南北的旅游采风，爱好画面的细腻动人，爱好技巧的完美操作 …… 这是只有"无敌兔"才能带给摄影人的成就感和满足感。

尽管现在佳能 EOS 5D Mark III 单反数码相机已经面世，但"无敌兔"仍是风景摄影爱好者入手的很好选择，因为，在摄影器材上有一个"慢半拍"理论，当相机型号更新换代时，上一代的相机会大幅度降价，而在性能上，它并没有落后多少，对于经济能力有限的摄影人来说，这是购买的最佳时机。

5D Mark III 和 5D Mark II 在像素上并没有太大差距，选择"无敌兔"还有前人丰富的拍摄经验可以参考，因而，"无敌兔"的传奇不会就此结束，在风景摄影中，它还会继续发光发热下去。

拍摄技巧小提示

关于 5D Mark II 的一些拍摄技巧：有时增加曝光补偿会丢失画面中亮区的细节部分，这时开启相机的高光色调优先功能，可以在保留照片细节的前提上，让画面中高光区的色调更加明艳饱满。查看你的相机菜单，可以看到自动对焦微调与周边光量校正这两项功能，拍摄时将其开启可以帮助我们更好地控制对焦精准度，同时还能避免使用大光圈拍摄时照片的四角失光现象。

《冬天来临之前》 摄影 李继强

拍摄数据：相机 佳能 5DⅡ 焦距 46mm 速度 1/500 秒 光圈 10 感光度 ISO400 白平衡 自动

《落叶》 摄影 李继强

拍摄数据：相机 佳能 5DⅡ 焦距 70mm 速度 1/500 秒 光圈 8 感光度 ISO200 白平衡 自动 曝光补偿 −0.33

这两张照片都是使用佳能 EOS 5D Mark II 单反数码相机拍摄的，主题都是秋天，一张用季节变化中特征明显的景物形态来表现秋的寂寥，一张则选择细节特写来暗示秋的到来，两片枯黄的落叶在木质地板上投下的影子相互依靠，投影喻示这不仅是个深秋，更是个午后，窗外正一片阳光灿烂，这样的想象为原本清冷寂寞的画面增添了一丝温暖，并赋予了照片一层新的涵义，即使凋零，也能彼此取暖。两张照片的色调没有经过任何后期处理，秋的色彩在相机的帮助下得到最真实的还原，这种真实的色调让画面看起来更具感染力。"无敌兔"出色的功能让照片的层次细节更加细腻丰富，无论是远景还是特写，在画质上都无可挑剔，在这样的工具辅助下，摄影人创作时有了更多的选择，也就有了更多成功的机会。

"一步到位" 的摄影装备

摄影发烧友对器材的追求永远没有止境，食髓知味，高端相机甚至连快门声都格外动听，同时，其高昂的价格也让人望而却步，更不要说相机配件的繁杂、镜头的多样，以及型号更新换代的速度。在数码时代，每一秒都在进步的科技力量大幅度推进了其变化的速度，从某种意义上而言，"单反穷三代"这句调侃可以说是名副其实。

摄影装备要做到一步到位其实是不可能的，但是，摄影人可以根据拍摄对象和自身喜好选择相对较好的器材，以求达到短时间内不必更换的目的，适量减少开销。

对于风景摄影而言，一步到位的设备搭配最好是全画幅单反数码相机和包含广角、长焦在内的镜头，通常情况下，24-70mm 和 70-200mm 的黄金焦段镜头是拍摄风景照片的最佳选择，喜欢追求极端表现效果和惯于户外拍摄的摄影爱好者可以将 70-200mm 的镜头更换为 100-400mm 的超长焦段镜头。

拍摄技巧小提示

关于数码单反相机保养需要注意的一些问题：给每个镜头安装专业的 UV 镜，过滤紫外线的同时还可以防尘防磕碰；不要在干燥多尘的环境下更换镜头，这样不仅镜头容易进灰，相机的感光元件也会落灰，影响成像；不用时，将相机放在干燥通风的地方保存；在相机的 LCD 屏上贴一层防刮保护膜或安装一个透明保护罩；开启相机的除尘功能。

全画幅单反数码相机推荐

Canon 佳能 EOS 5D Mark II 单反数码相机　市场价 19 000RMB

约 2 230 万像素全画幅 CMOS 图像感应器的表现力；常用感光度高达 ISO 25 600，扩展时最高 ISO 10 2400；Mark III 对菜单中关于控制 ISO 感光度的设置项目进行总结，更加追求操作简便；搭载新开发的 61 点高密度网状阵列自动对焦感应器，能够更加精确地捕捉被摄体；高信赖性和高测光精度的 63 区双层测光感应器不容易受逆光和点光源的影响，稳定曝光；多重曝光次数为 2 至 9 次，有 4 种图像重合方式可选；根据场景和被摄体设置了 4 种长宽比。

Canon 佳能 EOS 5D Mark III 单反数码相机　市场价 25 000RMB

这款相机采用 2 110 万像素全画幅 CMOS 传感器，提供了优秀的画质和出色的细节表现能力；基于 DIGIC 4 数字影像处理器的处理速度和优化能力，相机实现了镜头暗角修正等多项数字优化功能和 3.9 张 / 秒的高画质连拍速度；采用 9 个自动对焦点和 6 个辅助对焦点的对焦系统，提高了每个对焦点的精度，强化了各对焦点之间的联动；具备拍摄最高达 30 帧 / 秒的全高清短片拍摄能力；五棱镜取景器清晰明亮。

Nikon 尼康 D700 单反数码相机　市场价 17 000RMB

D700 是尼康顶级的高速全幅单反相机，采用了 1 210 万像素 FX 格式全幅 CMOS 传感器，提供更出色的画质和极高信噪比；基于 EXPEED 数码影像处理，相机实现了约 5 张 / 秒的高速连拍性能；清晰明亮的五棱镜取景器，速度和精度并重的 51 点自动对焦系统，与先进的 3D 彩色矩阵测光 II 为您提供难以言传的触感、操控性和便捷性；支持表现力强大的尼克尔镜头群、尼康闪光灯组建和 GPS 附件。

Nikon 尼康 D800 单反数码相机　市场价 32 000RMB

3 630 万有效像素将摄影的质感、层次和细节提升到了过去只有复杂的中画幅系统才能企及的境界；从 ISO 100 至 ISO 6 400 的标准 ISO 感光度，可扩展为 ISO 50 至 ISO 25 600 相当值；EXPEED3 图像处理器大幅降低噪点，高速捕捉图像；14 位 A/D 转换和 16 位图像处理带来丰富的色调和自然的色彩；3D 彩色矩阵测光 III 实现更精确曝光；提供 4 种 AF 区域模式；D800 能在一次快门释放下以不同的曝光拍摄两张照片，然后照相机立刻将两张照片结合，创造出一张涵盖更宽广动态范围的图像。

全画幅单反数码镜头推荐

Canon 佳能 EF 24-70mm f/2.8L USM 镜头　市场价 11 000RMB

涵盖了从广角到中焦的常用焦段，使用方便灵活；采用恒定大光圈设计，全程最大光圈都是 F2.8，背景虚化能力出色，能有效突出需要表现的拍摄主体；镜片组包含 2 片非球面镜片，采用精密工艺加工而成的非球面镜片可有效补偿球面像差，抑制广角镜头的畸变，让拍摄画面更为真实；采用后对焦 / 内对焦的设计在对焦时镜头前端不会转动，方便使用滤镜；具备全时手动对焦功能，可以随时转动对焦环从自动对焦状态切换为手动对焦，提供更多自由创作的空间；内置 USM 超声波对焦马达带来安静高速的对焦效果。

Canon 佳能 EF 100-400mm f/4.5-5.6L IS USM 镜头　市场价 14 000RMB

远摄变焦镜头能瞬间拉近远处的景物，在不打扰被摄物的情况下获得生动细致的景象，以及绝妙的背景虚化效果；采用 14 组 /17 片的镜头结构设计，包含 1 片萤石镜片和 1 片超级 UD 镜片的豪华配置带来出色的成像效果；IS 防抖系统的加入大大提高了手持拍摄的成功率；全时手动对焦功能可迅速的改变对焦距离；镜头配备 USM 超声波对焦马达，对焦安静而迅速，表现始终如一。

Nikon 尼康 AF-S 24-70mm f/2.8G ED 标准变焦镜头　市场价 14 000RMB

镜头在中等远摄对焦范围内具有非常实用的宽角，从而使其具有极佳的通用性；约 900g 的低重量具有优异的可操作性和突出的便携性；ED（超低色散）镜片可以最大程度减少色差；纳米结晶涂层具有超低折射率，可消除内部镜头元件在较宽波长范围内的反射，从而显著降低重影和光晕。

Nikon 尼康 AF-S 70-200mm f/2.8G ED VR II 远摄变焦镜头　市场价 16 500RMB

镜头提供三种对焦模式的高级操作，可实现手动对焦或手动微调对焦；第二代 VR 光学防抖系统相当于提高 4 档快门速度，即使在选择长焦端用 1/10 秒的速度手持拍摄也可以保证不错的成功率；使用 Nano 纳米结晶涂层镀膜，最近对焦距离缩短到 1.4 米。

《林间晨雾》 摄影 于庆文

拍摄数据：相机 尼康 D700 焦距 24mm 速度 1/200 秒 光圈 8 感光度 ISO400 曝光补偿 −0.67

　　一张使用尼康 D700 拍摄的照片，全画幅单反数码相机就是画质的保证，它们所拍摄的照片带给观者的是一场视觉盛宴，当然，这其中必不可少的还有拍摄者的技巧和风景本身，不可过分夸大相机的功用。清晨树林间雾气弥漫，拍摄者采用侧逆光的角度将阳光洒过林间的轨迹通过晨雾捕捉出来，光线不是最迷人的风景，光线留下的痕迹才是。拍摄者降低了曝光补偿，虽然光照环境差强人意，但仍勾勒出了景物之间的影调差异，使这张照片呈现出一种远近得当的空间感，正是这种空间感邀请我们进入画面，走入幽径深处一探究竟。

《咆哮》 摄影 张桂香

拍摄数据：相机 尼康 D700 焦距 14mm 速度 1/200 秒 光圈 22 感光度 ISO200 曝光补偿 −1

　　有水墨画般静谧的风景，也有史诗般雄浑的风景，使用全画幅数码单反相机，就应该多拍一些场面壮阔、气势恢宏的大场景风光照片。这张照片同样使用尼康 D700 拍摄，摄影人用广角镜头尽可能地将风景纳入取景框中，小光圈是画面层次和细节的保证，曝光补偿降低一档让暗区的细节更为丰富细腻，经过后期处理将画面上方分散观者注意力的部分裁剪掉，照片中的风景更为大气恢弘。

　　在这张照片上，黄河之水奔涌咆哮，波涛如怒，翻滚的波浪激起的雾气笼罩在水面之上，经过光的折射为画面增添了不少氛围感，颇有些奔流到海、气吞山河之势。

80%的低感光度

"80%的低感光度"是什么意思？这和风景摄影中的一个拍摄要诀有关，即在有三脚架支撑的情况下 ——

低感光度+小光圈+慢速度=高质量

可想而知，为了追求高质量的画面，在光照环境允许下的多数情况中，摄影人更倾向于使用低感光度拍摄风景。

感光度的英文缩写为 ISO，指的是感光体对光线感受的能力。一般数码单反相机的感光范围是 ISO100 ～ 6 400，足够应对各种拍摄环境的变化，佳能 2012 年推出的 5D Mark III 常用感光度高达 ISO 25 600，扩展时最高能达到 ISO 102 400，在目前的数码相机市场上应该说是凤毛麟角、登峰造极。

低感光度指的是相机设置中的 ISO50 ～ 200，在这个范围内拍摄风景获得的图像质量高、噪点小、画质细腻、影像过渡平滑，初学者建议使用 ISO100 进行操作，风景摄影中 ISO100 就像一个标准值，适合自然光线下各种不同场合的拍摄。

随着感光度的增加画面噪点也会越来越大，因而，只要条件允许，就要尽可能地使用低感光度拍摄，宁可开大一级光圈也不要提高一档感光度。当然，随着科技的进步和发展，一些高端数码单反相机的感光度即使提升至 ISO2 000，噪点也不是很明显，但这仅限于少数全画幅相机。摄影人要了解自己相机能容忍的最大感光度是多少，可以在相同环境中用不同数值的感光度拍摄一组照片，然后在电脑上以常规尺寸检查噪点水平，当显示器上看到的照片噪点十分明显时，拍摄那张照片时设置的感光度就是相机的最大宽容度。

低感光度一般用于光线强烈的晴朗天气中拍摄风景，但也有例外，弱光环境中亦可以使用其进行拍摄，只要收缩光圈、增加曝光时间即可。记住，在这种环境中，三脚架是必不可少的。

必须用低感光度拍摄的风景

1. 拍摄瀑布、海浪和流水时，为了表现画面动感，需要使用最小感光度和最小光圈配合拍摄，快门速度要低于 1/2 秒。

2. 使用闪光灯进行拍摄时要降低感光度，避免照片过曝。

3. 晴朗天气中用大光圈拍摄时也要尽量降低感光度，否则会丢失画面亮部的景物细节。

你所不知道的风景摄影中的"低感光度"

数码单反相机的 ISO 自动功能仅可以在使用 P 档、S 档、A 档和 M 档模式拍摄时使用，选择 HI1 时，相机的自动 ISO 感光度控制将失效；使用闪光灯拍摄时，一般启用相机的最小感光度即可；用慢速快门拍摄流水时，除了要将相机的 ISO 感光度设置为最小值外，有时还要配合使用中灰滤镜。

《仙境之光》 摄影 于庆文

拍摄数据：相机 尼康 D700 焦距 70mm 速度 1/8 秒 光圈 16 感光度 ISO200 曝光补偿 −1.67

　　我们说过，即使是在弱光环境中也可以使用低感光度来拍摄，这张照片便是。拍摄者采用了"低感光度 ＋ 小光圈 ＋ 慢速度"的经典组合模式，照片画面质量极高，云的层次、天空颜色的渐变、水中的倒影和饮水的野马的姿态，都巨细无遗地在画面上呈现出来。"黄昏独倚朱阑，西南新月眉弯"，说得大概就是这样的景色吧。一弯新月淡淡的、浅浅的挂在天边，怀着惆怅，在霞光的映衬下仿佛要飘散一般，遥远得像在召唤，它是画面中最微小的存在，同时，也是点睛的一笔。

175

夜景与高感光度

感光度越高成像质量越差，这是数码单反相机出现之前的事情，随着科技的发展进步，高端数码单反相机越来越多地融入人们的生活中，其超高的宽容度大大降低了光照环境对拍摄的限制，很多相机在 ISO 值达到 2 400 时也不会出现噪点，相机操作系统中的"高 ISO 降噪模式"选项则在这基础上增加了修正，可谓锦上添花、如虎添翼。因而，在数码摄影时代，高感光度当用则用，风景不分昼夜。

使用高感光度拍摄的优势

1. 相同拍摄条件下成倍提高快门速度。在 ISO400 的状态下快门速度比 ISO100 提高了 4 倍，1/60 秒的速度就能让抓拍更加容易，画面更加清晰。

2. 摆脱了暗光场景拍摄中三脚架与闪光灯的局限。

3. 高感光度在提高快门速度的同时大大削减了由手持相机拍摄抖动所带来的画面模糊不清的状况发生的可能。

4. 选择高感光度拍摄风景可在保持较高快门速度的同时使用更小的光圈增加景深。

尽管高感光度在数码摄影中占据了很多优势，但也不可一味使用，风光摄影中，通常在拍摄夜景时会选择这种模式。

夜景拍摄中使用闪光灯只能解决前景的亮度，却无法兼顾背景，高感光度的使用从根本上解决了这个难题。并且，在大面积的黑色背景中，即使出现噪点也可忽略不计。使用高感光度拍摄冰灯也是一个绝佳选择，在北方夜间零下十几度的低温环境中，噪点出现的可能微乎其微。

就艺术创作而言，颗粒粗糙的画面未必就是坏事，一些噪点的出现反而会让照片更具胶片时代的质感，怀旧的感觉油然而生，在看惯了众多色彩艳丽画质细腻的糖水片后，一点点刻意的粗糙格外新鲜而质朴纯粹。

你不能不知道的风景摄影中的"高感光度"

怎样在提高感光度的同时又不损失照片质素呢？把相机放进冰箱里！这不是把大象放进冰箱里的那个冷笑话，而是真的有人试验过。将相机放进冰箱冷藏 15 分钟之后再使用高感光度进行拍摄，画面中的杂讯要比没有经过冷冻的相机拍摄出的照片减少 40% 之多，这对于喜爱夜景拍摄和长时间曝光摄影的摄影人来说无疑是一个巨大的福音。但凡事有利必有弊，相机在一冷一热的环境中会产生水汽，从而导致镜头发霉或损坏电子零件，所以绝非必要的情况下，摄影爱好者还是不要轻易尝试了。

《就在今夜攻占列宁格勒》 摄影 唐天启

你点亮灯 你熄灭
因为你需要光明或者黑暗
如同它们需要彼此
对立的往往相互依赖
若非如此 对立本身便无任何意义
光明与黑暗 生命与死亡 永恒与瞬间
难以满足的欲望
你点亮灯 你熄灭

拍摄数据：相机尼康 D80 焦距 18mm 速度 1/1 600 秒 光圈 6.3 感光度 ISO160 白平衡自动

冰灯是最吸引摄影人的冬季景观，雪雕也好，树挂也罢，都没有冰灯来得引人注目，为什么呢？是黑暗中追寻光明的本能还是因为它融合了建筑与自然的风貌？或许，原因没有这么复杂，仅仅是因为它的色彩，足够艳丽，足够吸引人的注意力，被吸引过来的摄影人驻足于前，于是，按下了快门。拍摄冰灯不能使用闪光灯，不同于一般夜景拍摄，长时间曝光也会让画面过曝，这种情况下，就要尽量提高感光度了。拍摄这张照片使用的感光度为 ISO1 600，通常情况下，画面中会出现噪点，但是，足够低温的拍摄环境保证了画质的清晰，景观的细节被很好地保留下来。在构图上，拍摄者用了冰灯建筑中两条对角线的交汇将观者的视觉注意力集中在画面中央，并以其作为前景营造出照片的空间感和纵深感。

177

矩阵测光

风景摄影中，最基础也是最重要的一点就是准确测光，因为它直接影响到曝光结果，也就是画面的整体影调和感觉。测光，是摄影人思考的过程，也是相机"思考"的一部分，选择何种测光模式，决定着你手中的相机如何理解它所"看"到的风景。

单反数码相机中最常用的测光模式是 3D 矩阵测光，又称为评价测光或多区测光，在这种测光模式下拍摄时，相机的测光系统将取景画面分成若干区域，分别设置测光元件进行测量，然后通过相机内的微电脑对各个区域的测光信息进行运算、比较，参照被摄主体位置推测出其受光状态，然后综合所有区域的测光数据，计算出合适的曝光值。使用矩阵测光模式可以得到 90% 以上的准确曝光率，因而，这种模式最适合用于风景照片的拍摄，它可以照顾到画面的每一个区域。

需要考虑到的是，矩阵测光适用于光线充足、光照均匀的环境，在拍摄大场面风景中经常用到这种模式来强调画面的层次感，但是其无法满足逆光或弱光环境拍摄，在强调高反差的风景中也得不到发挥之处。

矩阵测光是最保险的，但同时，也是最普通的。

你不能不知道的风景摄影中的"矩阵测光"

尽管矩阵测光被称为傻瓜式测光模式，但在风景摄影中，它却是最常用的一种测光模式。使用矩阵测光模式拍摄可以降低曝光失误率，确保每一次快门按下后画面的质量，在风景摄影中，曝光准确的照片越多，你成功的几率也就越高。尤其是在抓拍和街拍中，或是在一些你并不熟悉的环境中拍摄时，点测光和中央重点测光都不如矩阵测光来得可靠。

拍摄技巧小提示

曝光"白加黑减"的规则同样适用于夜间摄影，拍摄夜景时，要注意画面中的强光，如果测光范围内有强光出现，一定要减少 EV 值的。注意，拍摄时快门速度超过 30 秒以上，要先调高相机的 ISO 感光度，测好光之后再用正常的 ISO 值换算回来。

我们也利用人造光源来营造千奇百怪的画面色彩，例如，钨丝灯呈黄色，闪光灯是蓝色，荧光灯则有多种不同的变化。弱光环境下拍摄时，准备一支 LED 手电筒，在上面蒙上一层透明的彩色滤纸，对准你的拍摄对象，能够得到意想不到的画面效果哦。

《十一月·荒芜》 摄影 唐天启

拍摄数据：相机 尼康 D80 焦距 65mm 速度 1/1 000 秒 光圈 5.3 感光度 ISO200 曝光补偿 −0.33

　　有一种病称作浪漫主义忧郁症，是诗与天生敏感的心脏摩擦下的产物。患上这种病的人，多半不会喜欢爱情故事中的美满结局和阳光下肆无忌惮绽放的笑容，他们爱的是黑暗中滋生的哥特情结，却并不严重，有那么一点点对死亡的痴迷，但也能及时清醒过来，他们无法容忍彩虹般丰富的色彩，只对那些晦涩的语言和色调情有独钟，如同黄昏时的暧昧，可以躲藏进去。从这个角度看来，我有病。鲁迅先生说，生一点病也是一种福气，在我看来，能患上浪漫主义忧郁症便是最大的福气，不致命，却让人痛苦，而痛苦让人清醒，在活着的时候，能清醒看待这个世界，不会被美好的表象欺瞒，也不至被愤怒左右，自处时不会感到孤独，走入人群时亦不会迷失，还有比这更幸运的事情吗？至于这病带有一点点后遗症，如轻微的失眠或类似风寒的症状，完全可以忽略不计。

　　患有浪漫主义忧郁症的人拍摄的一张照片，矩阵测光，降低了曝光补偿，开大了光圈，日落时分一棵枯草的身下，你可以看到我的患处，正在画面中一点一点弥漫开来。

中央重点测光

中央重点测光介于点测光和矩阵测光之间，是矩阵测光的一种变形模式。根据多数人将被摄主体放置于靠近画面中央位置的拍摄习惯，中央重点测光主要是测量取景器画面中央长方形或圆形范围内的亮度，画面其他区域则给以平均测光，长方形或圆形范围外的亮度只作参考，对测光结果影响甚微。不同厂牌和型号的相机的画面中央面积各有所异，一般约占整个画面的 20%-30%。

使用中央重点测光模式比矩阵测光更容易控制拍摄效果，因为是依据画面中央被摄主体的光亮度来读取合适的曝光值，所以这种测光模式的精准度也要高于矩阵测光。

值得一提的是，在针对高光区进行测光时，选择中央重点测光模式拍摄既可以保证照片不会过曝，同时也因兼顾画面其他区域的曝光需要而使照片呈现出一种和谐均衡的影调。

中央重点测光适用于构图中风景的影调与颜色分布均匀的情况，它能确保被摄主体的层次与细节的表现，但是，当拍摄主体不在画面中央或逆光环境中，这种测光模式仍然受到限制，无法对曝光结果做出我们所需要的正确分析。

你不能不知道的风景摄影中的"中央重点测光"

在机械相机时代，中央重点测光模式是最为常见通用的测光方式，几乎每一款型号的相机上都会有这项功能，基于此项功能，老一辈的摄影人都有对手背测光的习惯。

拍摄技巧小提示

选择中央重点测光模式拍摄时，配合使用相机的自动曝光锁定功能，会让你的照片在改变构图时的曝光更加准确，尤其是在光暗对比较大的环境中，AE-L 按扭的功效不可小觑。操作时先对画面中间部分测光，在未对焦时按下 AE-L 按扭锁定测光，然后再次对焦以及构图，保持之前的测光不变，直到你再次按下 AE-L 按扭时曝光值解除。

拍摄夜空夜景时，应该使用大光圈还是小光圈呢？小光圈的对焦范围较广，可以拍出较大面积的清晰影像，同时能够呈现出单点光源的星芒效果；使用大光圈虽然对焦范围变小了，但是模糊的影像可以让画面呈现出一种朦胧的氛围感，在灯光的衬托下尤其漂亮。

《茫茫》 摄影 张广慧

拍摄数据：相机 尼康 D80　焦距 50mm　速度 1/80 秒 光圈 11　感光度 ISO200　曝光补偿 −0.33

　　中央重点测光适用于风景影调与色彩分布均匀的情况，这张照片所拍摄的景观正是如此。阳光充足的原野上大片的绿色向远方铺展过去，斜照的光线将地势起伏的影调勾勒出来，远处的河面不会产生强烈的反光，因而不用担心曝光过度的问题。合适的光线，合适的角度，我们要拍摄的仅仅是眼前的草原风景吗？非也，非也。风景给人带来的视觉享受是一瞬间的，瞬间过后，留在观者心中长时间的感悟才是照片的成功之处。就如这张照片，平淡的画面，却足以让人的心安静下来，让疲惫的灵魂在其中得以休憩，这才是我们寻找与记录风景的目的。

点测光

点测光是指数码单反相机的测光系统只针对画面中的某一点进行测光，这一点只占整个取景器画面范围中约 2%-3% 面积的区域，严格的点测光可以精确到画面的 1% 大小。在这个范围以外，不管其他区域有多亮或者多暗，测光系统都完全不会考虑其曝光需求，因而，非常适合拍摄主体与背景反差较大的风景照片。

摄影人在进行户外采风时，经常会遇到光比比较大或是光线复杂的情况，使用平均测光会受到画面中全黑部分或高光区域光源部分的影响，造成相机计算失误进而导致照片的过曝或欠曝，这时，精准度较高的点测光模式是拍摄风景的最佳选择。

使用点测光模式得到准确曝光的方法

1. 寻找画面中间调部分，对其测光。
2. 对画面中不同区域的测光点进行试验拍摄，调整曝光补偿。
3. 当画面没有中间调时，测亮区增加曝光补偿，测暗区减少曝光补偿。
4. 逆光拍摄多用点测光。

点测光模式是相机"狭隘"的世界观。我们手中的这台机器做不到窥一孔而知全豹，它只能看清眼前局限的那一点光亮，据此推测出世界的模样，正是因为这种与众不同的观看视角，使得点测光拍摄出的照片不拘于平庸，有时甚至不合常理，因而备受艺术创作者的青睐，利用点测光控制照片影调是最常见的风景摄影拍摄手法。

高调之旷

高调摄影是从黑白摄影中衍生到彩色摄影中的一个概念，利用大面积的高光区域进行过曝或增强明暗对比度，使画面上大部分的影调以白和浅灰为主，黑色影调占极少部分。高调作品画面简洁、明朗，给人以轻松愉快之感，有时也会因为画面过于空旷和拍摄主题的不同，营造出苍白无力、空虚惨淡的氛围。

利用点测光拍摄高调照片时对画面中的阴暗区域曝光，从视觉效果来看，亮部的细节保留的越少越好。这种拍摄方式适用于风景摄影中雪景、沙漠、海景和花卉植物的表现。

低调之隐

低调摄影与高调摄影相反，画面的基调以深灰、浅黑和暗黑色影调为主，少量的浅色调起着制造反差的作用，在一些低调作品中甚至看不到浅色调的存在。低调作品深沉、厚重，给人以肃穆之感，在风景摄影中常常用来加重风景的存在感，制造出饱经沧桑的历史感。受拍摄环境和内容的影响，低调作品也常常呈现出阴暗、悲伤和恐怖的氛围。

点测光拍摄低调照片要对画面中的高光部分测光，半逆光和暗背景是低调摄影的最佳环境。低调作品中黑色和灰色影调之间对比不大，细致的影纹适宜表现被摄主体的层次和质感。

《碎金》 摄影 李继强

拍摄数据：相机 索尼 F828 焦距 42mm 速度 1/640 秒 光圈 8 感光度 ISO100 白平衡 手动 曝光补偿 −0.33

　　这是一张使用点测光拍摄出来的低调作品，拍摄者追求的不是曝光的平均和准确，而是影调在画面上的强烈对比和这种对比带来的视觉刺激。这张照片上的一些暗区几乎全部丢失，只能看到大概的轮廓与形态，而画面中央水面的反光，也就是亮区，几乎曝光过度，这种强烈的对比使这一点亮光成为画面中最吸引观者注意力的存在，除此之外，我们几乎看不到其他，而拍摄者要的就是这种看不到其他。不得不承认，看到这张照片时，你很难将视线移开，因为那亮光太过吸引人，犹如在黑暗中吸引飞蛾的烛火，使人奋不顾身。我想，如果我是拍摄者，恐怕会忍不住在当下跳入那一池揉碎的金碧之中。

最佳光圈

风景摄影中，大光圈可以虚化背景突出拍摄主体营造意境，小光圈则能获得更高的图像质量和丰富的细节层次，摄影人要根据自身的拍摄意图进行选择，善用小光圈、敢用大光圈，二者并无对立之说。无论是使用大光圈还是小光圈，最重要的都是清楚镜头的最佳光圈并加以利用。

最佳光圈指的是镜头在正确对焦的 CCD 平面上，能产生最清晰影像的光圈值。每一只镜头都有它的最佳光圈值，以大多数优质镜头而言，最佳光圈值是将其最大光圈值缩小 1-2 级。光圈孔径太大会增加像差、降低像素，太小则会产生衍射现象，因而折中的数值最优。

最佳光圈的基本定律是：专业镜头的最佳光圈比最大光圈小 2-3 级；普通镜头的最佳光圈比最大光圈小 4-5 级；大孔径镜头的最佳光圈比最大光圈小 2-3 级；定焦镜头的最佳光圈比最大光圈小 3-4 级；变焦镜头的最佳光圈比最大光圈小 4-5 级。

因而，大多数镜头的最佳光圈统计如下

F1.2-F1.4 的标准镜头的最佳光圈为 F4 左右。

F1.8-F2 的标准镜头的最佳光圈为 F5.6 左右。

F2-F2.8 的定焦镜头的最佳光圈为 F4-F5.6 左右。

F2.8 恒定变焦镜头的最佳光圈为 F5.6 左右。

F3.5-F5.6 的变焦距镜头的最佳光圈为 F8 左右。

F4.5-F5.6 的变焦距镜头的最佳光圈为 F8-F11 左右。

以上数据仅作参考，不可一概而论，摄影人可以通过多次拍摄试验来确定所使用镜头的最佳光圈值。

你不能不知道的风景摄影中的"小光圈"

我们都知道使用小光圈拍摄可以获得更高的图像质量和更丰富的画面层次细节，但是，这并不意味着光圈越小成像质量就越高，凡事没有绝对，小光圈意味着小光孔，意味着镜头进光量的减少，在光照条件并不理想的环境中，进光量的减少会在很大程度上降低分辨率，故而，即使是拍摄大场景的风景照片，也不可一味缩小光圈。

拍摄技巧小提示

单反数码一般都有配置景深预观钮，大部分摄影爱好者通常不会注意到，也不知道它的用途，其实，这个功能对于新手的帮助非常大，按下景深预观钮，我们从相机的观景窗中就可以看到光圈的收缩变化，了解所要拍摄场景的景深范围，也就是说，这个功能是让摄影人预览照片清晰和模糊效果的，从而为实际拍摄提供更多参考建议。需要注意一点，当镜头设定为最大光圈时景深预观功能无效，这个按钮仅限在缩小光圈时使用。

《篱笆》摄影 何晓彦

拍摄数据：相机尼康 D300 焦距 18mm 速度 1/640 秒 光圈 8 感光度 自动 白平衡 自动

这张照片的成功之处不止在于使用了最佳光圈进行拍摄，保证了画质和细节，更在于拍摄角度和构图上的平衡。拍摄者用了一道篱笆作为视觉引导线，将观者的视线引向地平线的远方，增强了画面纵深感；同时，也是这道倾斜着横贯画面的引导线将天地一分为二的对峙打破，让照片更具层次感。白色蒙古包的放置填补了画面左上方的空白，让构图平衡起来，这种平衡更加符合我们的观看习惯，使观者在欣赏时感到舒适、轻松，仿佛真的置身于草原之中，随时可以奔跑跳跃，即使飞起来也不足为奇。

沙姆定律与移轴镜头

有没有可能在使用大光圈的前提下获得大景深呢？答案是，有。对于使用大画幅或中画幅相机的摄影人而言，鱼与熊掌二者兼得的秘诀就是利用沙姆定律进行拍摄。

沙姆定律适用于被摄体在一个面上的影像拍摄，即当被摄体平面、影像平面、镜头平面这三个面的延长面相交于一直线上时，可得到全面清晰的影像。这个规律是 1894 年由奥地利检测员沙姆弗洛格首先发现的，故称为"沙姆定律"。

沙姆定律用于大场景的风景或建筑物拍摄中，大画幅和中画幅相机可以利用平移、升降、俯摆等方式拍摄出具有超常视觉效果的照片，从最近处的细小沙砾到最远处的山峦起伏都能纤毫毕现。目前大热的移轴镜头正是利用这一原理工作的。

了解了沙姆定律我们在用移轴镜头进行拍摄时应注意以下几点

1. 拍摄时保持相机的水平或垂直方向。
2. 由于镜头移动较大，需使用偏移补偿。
3. 将相机设置为手动曝光模式。
4. 利用最大光圈进行拍摄。
5. 注意画面整体平衡，调整倾角角度。

你不能不知道的风景摄影中的"移轴摄影"

使用移轴镜头拍摄类似于"小人国"效果的风景照片时，最好选择大光比的环境进行创作，在这种环境中，照片的色彩、层次和影调对比会更加锐利，呈现出的视觉效果也更富有冲击性，当然，这种对比也可以在电脑后期处理时得到。在大光比的环境中要做到准确曝光有一定难度，因而摄影人最好使用相机的包围曝光模式进行拍摄。

拍摄技巧小提示

使用移轴镜头拍摄时如何正确对焦？摄影人可以先将取景框中的画面放大 10 倍，让合焦位置处于照片中视觉吸引力最突出的部分，确定对焦之后释放快门。

《音乐广场》 摄影 苗松石

拍摄数据：相机 尼康 D300 焦距 17mm 速度 1/30 秒 光圈 13 感光度 自动 曝光补偿 −0.33

这是一张用广角镜头拍摄的照片，通常情况下，使用广角镜头拍摄的建筑物多多少少都会产生些微的画面形变，这张照片却是例外，这也正是其难能可贵之处。拍摄者缩小了光圈，降低了快门速度，并且减少了曝光补偿，保证了画质的细腻与建筑物层次细节的完美再现。

照片中的建筑物没有丝毫的变形，正是这种端正的形态让人感叹，画面整体感觉庄严肃穆，因为建筑尚未竣工，又时逢深秋，于是在原本肃穆的氛围上又增添了一丝凄凉、冷清的意味。如果每一张照片中都隐藏着一个故事，那么这张照片所讲述的，一定是一个没落贵族的心酸。

大景深？小景深！

多数摄影人惯常用小光圈大景深来拍摄风景照片，这是因为大景深能保证画面中层次的丰富和细节的清晰，在表现如山峦平原等场面壮阔的风景中，大景深是确保照片清晰的重要手段。

全面清晰的照片确实能给观者带来视觉上的冲击和享受，但它仅仅是一张复制品。从拍摄技巧上讲，获得大景深并不难，难的是如何运用小景深在构图时进行取舍，这是一个思考的过程。艺术创作中不能仅满足于所有影像的清晰，如同小说中的人物不能个个是主角一样，模糊也是一种语言，看不见的才是意境。

大光圈小景深的运用有利于排除干扰，让画面更加紧凑，突出拍摄主体，强调视觉效果。

获得小景深的3种方法

1. 相同焦距下开大光圈强化前景。
2. 使用长焦镜头强调拍摄主体，模糊其他景物。
3. 拍摄时缩短与被摄主体的距离。

当拍摄主体与背景之间距离较远时，也可以得到背景虚化的小景深效果，但这只是模糊背景，照片的绝对景深是不变的。

制造小景深的画面效果不止是让背景虚化，前景虚化更易营造出一种身临其境的感觉。好像摄影师在千万年间千百人中回眸一瞥，恰恰是"众里寻他千百度，蓦然回首，那人却在灯火阑珊处"。

大景深效果的风景照片像一幅油画，构图严谨，巨细无遗；小景深效果的照片则是一幅水墨画，随性而发，浑然天成。

你不能不知道的风景摄影中的"小景深"

什么样的场景适合采用小景深拍摄呢？当构图中信息空白区域较多或环境色彩过于醒目时，需要用较小的景深来突出被摄主体，分散照片中其余部分原本的视觉优势。如果你钟爱于拍摄小景深的风景照片，可以配置一个通光率高的定焦镜头，这样，即使在使用光圈比较小的操作下，依然可以获得一个较小的景深。

拍摄技巧小提示

想要获得一个小景深，最便捷的方法就是使用相机的 A 档进行拍摄，取得最小景深的方式是使用最大光圈，在光照条件强烈的环境中，使用相机的最大光圈拍摄容易造成曝光过度，解决的方法是提高快门速度，或者使用渐变灰镜。

《情绪》摄影 唐天启

拍摄数据：相机 尼康 D80 焦距 17mm 速度 1/2 500 秒 光圈 5.3 感光度 ISO200 白平衡手动

伟大的存在引发诋诟的欲望
美好的存在引发毁灭的欲望
微小的存在引发践踏的欲望
脆弱的存在引发欺凌的欲望
坚强的存在引发破坏的欲望
独特的存在引发覆灭的欲望
此时 你是站在世界中心的阿喀琉斯
我忍不住攻击你的脚踝

不一定所有的小景深都需要用长焦镜头开大光圈得到，只要你与被摄主体之间的距离够近，而被摄体与背景之间的距离又够远，那么，广角镜头也可以拍出背景虚化的效果，同时还能通过形变营造出更加夸张的视觉效果和空间纵深感。

这张照片就是使用广角镜头拍摄的，经过镜头的放大夸张，地面上的一小块冰凌成为世界的主角，它站在这个舞台正中央，无论多么高大的树木，在它的睥睨之下，此时都模糊成为芸芸众生中的一个配角而已。使用广角镜头如此贴近被摄主体会产生一定的暗角，而在这张照片中，这些暗角则刚好为画面增添了一份冬日黄昏阴郁的味道。

曝光补偿

　　想要了解曝光补偿首先要清楚曝光是什么？摄影人按下相机快门后，光线通过镜头上的光圈光孔传达到相机的 CCD 上得到清晰图像，这就是曝光。可以说，摄影的过程其实就是曝光的过程，一张照片的成功与否直接由曝光量决定。曝光补偿是修改相机所测定的曝光值使画面更亮或更暗的一种功能，是风景摄影中运用最多的一种操作技巧。

　　现在的数码单反相机都具备自动测光功能，为什么还需要曝光补偿呢？因为数码相机的测光系统无论拍摄何种题材都是按 18% 的反射率来确定曝光值，一律将其还原为中性灰影调，这就造成了在很多光线比较复杂特殊的环境中相机所拍摄出来的照片普遍色彩失真的状况。在这种情况下，摄影人需要通过曝光补偿来调整画面影调，增加或削减亮度。相机不会"脑筋急转弯"，我们就来教会它。

风景摄影中需要曝光补偿的情况

1. 拍摄高于 18 灰亮度 30% 以上的景物。
2. 拍摄强光环境或黑暗背景中的明亮物体。
3. 拍摄明暗反差较大的景物。
4. 拍摄难以测光的景物。

　　摄影人须知，曝光补偿只能在 P 档、S 档和 A 档拍摄时使用，在熟练运用点测光模式的情况下，或使用手动曝光时，无需进行曝光补偿。不要忘记，使用闪光灯也是曝光补偿的一种方式，主要用于调整拍摄主体与背景的亮度。

　　曝光补偿分为正补偿与负补偿，一般数码单反相机的宽容度，即可允许错误程度都在 EV±2-3 的范围内。拍摄风景照片时，如何判断和使用这两种曝光补偿方式呢？

正补偿 增加曝光量

1. 拍摄背景光线反射强烈的北国雪景。
2. 逆光拍摄需适当增加曝光量或使用闪光灯。
3. 在光线充足的海边或沙漠戈壁中拍摄色调较暗的景物时，增加曝光补偿。
4. 被摄主体色调过浅会让相机在对其测光时误以为环境明亮，造成曝光不足，此时，要增加曝光量。
5. 大雾天气中适当的曝光补偿会让画面亮度更为自然。
6. 拍摄夜景不仅要延长相机的曝光时间，还要通过曝光补偿来获得足够的曝光量以保证成像清晰。
7. 增加曝光补偿可以提高画面色彩饱和度和色调对比度。

负补偿 减少曝光量

1. 白加黑减，拍摄影调较深的景物时要减少曝光量。

2. 被摄主体亮部与暗部对比强烈时，为保留高光部分细节，需减少曝光量。

3. 暗背景前拍摄时减少曝光量可以避免主体过曝。

4. 拍摄建筑物时通常会利用负补偿来强调细节和质感，增加画面重量。

5. 拍摄景物的倒影时减少曝光量让画面更加清晰。

EV 值每增加 1.0 或减少 1.0，相机摄入的光线量就会随之增加和减少一倍，±0.3 和 0.7 档是实用性最高的两个数值。风景摄影中负补偿的使用频率较高，在拍摄日出日落时，欠曝的画面反差会更加强烈，光影效果更加突出。

《佳人有约》 摄影 张广慧

拍摄数据：相机 尼康 D80 焦距 44mm 速度 1/200 秒 光圈 8 感光度 ISO100 白平衡 自动 曝光补偿 −1

秉承"白加黑减"的拍摄原则，这张照片的曝光补偿减少了 −1EV，在日落之后的微弱光线中，我们只能看到一个剪影，既然如此，就利用这个剪影。照片中的人影是电脑后期叠加上去的，寥寥两三人影，就是这样简单的处理，却为画面增添了无限的想象空间和故事性，使这张照片更像一幅剪纸画，正在为我们讲述一个黄昏离别的故事。摄影人应该学习这点，不要让机械化的拍摄局限了你的思维，而是要懂得将各种艺术手法融会贯通，拍摄不应只为再现风景原貌，更要将你心中的情感倾诉出来，只有情感才能为照片赋予灵魂。

包围曝光

风景作品拍摄中，有没有万无一失的曝光方式？答案是，有。它就是自动包围曝光模式。这是数码摄影时代独有的优势，爱好风景摄影的朋友更是尝尽了其中的甜头。

包围曝光的英文是 Bracketing，在相机的操作系统中用 BKT 表示，它是数码单反相机确保在特殊环境下拍摄时曝光准确的重要功能之一。使用包围曝光模式拍摄时，按下快门得到不是一张照片，而是三张或多张不同曝光量的照片。相机首先按假定正确的测光值曝光一张，然后在其基础上增加和减少曝光量各自再曝光一张，得到"过曝"、"正常"、"欠曝"三种曝光结果。摄影人可根据自身喜好设定 EV 值，一般相机最多可以增加和降低 2EV 曝光补偿。

包围曝光在很大程度上降低了拍摄难度，当环境光线比较复杂无法确定曝光量时，用这种方式拍摄得到不同的曝光结果，三张照片中总能有一张符合你的审美要求。

配合包围曝光使用的是 HDR 后期合成技术，两者搭配工作可谓天衣无缝，经过 HDR 合成后的风景照片完美得令人叹为观止。HDR 合成技术常常用来修正明暗反差强烈的画面，有些风景欠曝会丢失暗部层次，过曝则高光区缺失，正常曝光细节又不够明显，选择任何一张都差强人意，这时，利用图像处理软件将三张照片叠合为一个图像，就可以得到一张从亮部到暗部都能保留细节的照片了，使得画面层次更为丰富。

HDR 功能的位置在 Photoshop 图像处理软件中的【文件 — 自动 — 合并到 HDR】里，在【美图看看】和新版的【光影魔术手】中也有这个功能，并且操作更为简单方便。

需要注意的是，使用包围曝光模式拍摄非常占相机内存，摄影人外出采风时一定要带足储存卡。包围曝光固然简单又保险，但是长期使用容易产生依赖感，致使摄影技术停滞不前，因而，摄影人还是应该通过不断拍摄来丰富经验，用思考和技巧得到正确的曝光值。

你不能不知道的风景摄影中的"包围曝光"

包围曝光模式一般在拍摄场景亮度相对均匀的前提下使用，若被摄主体与周边环境光比较大，靠包围式曝光降低或增加一档曝光量是不够的，这时，我们要先做出相应的曝光补偿，然后再启动包围曝光模式拍摄。一些单反数码相机上带有包围式闪光曝光功能，尽管名字十分相似，但是其与包围曝光拍摄模式还是有所不同的。包围式闪光曝光是指通过控制闪光灯的输出来完成包围曝光，因为加入了闪光灯的元素，故而更适合在弱光环境中使用。

《黄昏时的遐想》 摄影 于庆文

拍摄数据：相机 尼康 D700 焦距 56mm 速度 1/30 秒 光圈 8 感光度 ISO200 白平衡 自动

　　每次看到使用 HDR 合成的风景照片时，我都会禁不住感叹其画质与色调的完美，照片本身似乎比风景更加迷人。这张照片，经过 HDR 处理后，黄昏时明暗细节的还原更加真实，画面的色彩宽容度也得到了明显的提升，无论是亮部还是暗部，每一部分的影调层次都清晰地呈现在观者眼前。可以说，原本相机无法记录的人眼所见的丰富色彩和细腻影调，在此刻重现了。再来看这张照片的构图，蜿蜒的河流仿佛一个太极图案横卧在草原中央，它折射出的色彩与天空中的霞光交相辉映，余霞散成绮，澄江静如练。照片所呈现出的风景是静态的，但其带来的震撼力一点都不亚于滔天的巨浪，此刻，让摄影人以及观者折服的，是大自然亿万年来无言的包容。

手动曝光

或许你会认为数码摄影时代手动曝光是对科技的浪费，确实，相机程序自动曝光操作简单、快捷，拍摄成功率高，尤其在抓拍方面占据绝对优势，但是，在一些特殊光照环境中，自动曝光并不能满足拍摄需求，尤其是在追求极端影调的艺术创作中，手动控制相机更利于摄影人发挥自主能动性，表现拍摄意图以及渲染情感。

手动曝光功能在数码单反相机上的标识为 M，故又称为 M 档曝光，它是一种可以由摄影人任意对照相机的光圈大小和快门速度进行组合曝光的功能，在数码相机出现之前的机械摄影时代，相机都是手动曝光的。

使用手动曝光要充分了解相机的各项参数，预先设置 ISO 感光度、光圈大小、测光模式、对焦模式和白平衡，需要摄影人具备丰富的拍摄经验和精确的思考计算。关于计算曝光量最简单的法则是"阳光十六定律"：在晴朗明媚光线均匀的室外阳光下拍摄时，光圈定为 F16，快门数定为感光度的倒数。稍微阴天的情况下光圈设为 F11，阴天设为 F8，如果天气非常阴沉，将光圈设置到 F5.6。

关于"阳光十六定律"有一个非常实用的口诀：艳阳十六阴天八，多云十一日暮四，阴云压顶五点六，雨天落雪同日暮。

除此之外，预设曝光组合还应注意以下几点

1. 拍摄强调景深的画面要优先确定光圈系数。
2. 拍摄运动物体时，如飞鸟、昆虫和流水，要预先设定快门速度。
3. 利用相机的最佳光圈拍摄，即相机最大光圈低两档的数值。
4. 尽量使用三脚架辅助拍摄。
5. 手持相机拍摄时，设置较高的快门速度以确保画面边缘清晰，一般不要低于 1/30 秒。

手动曝光模式最常运用于需要长时间曝光的风景拍摄中，如夜景和光线较弱的晨昏时间，在拍摄烟火、闪电时也经常用到这种方式。

拍摄技巧小提示

M 档还可以用来拍摄极高调或极低调的摄影作品，这样的照片拍摄时通常需要在正常曝光的基础上增加或减少 3 档曝光补偿。首先，我们要用相机的测光系统取得一个曝光补偿为 0 的光圈快门组合，然后再根据创作需要调节光圈或快门，高调作品需开大光圈或延长快门时间，反之，低调作品则要缩小光圈或提高快门速度。风景摄影中，我们一般会在拍摄特写或小品时用到这种方法。

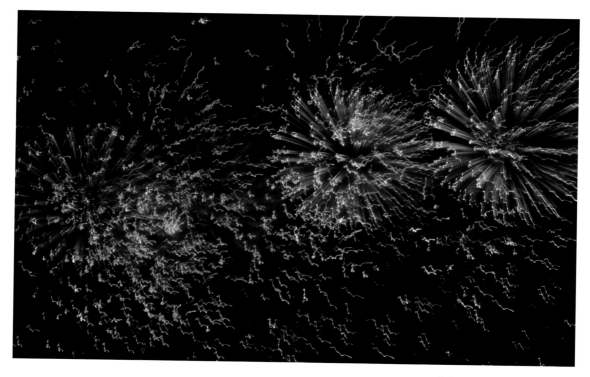

《幸福的祝贺》 摄影 张荣

拍摄数据：相机 尼康 D300 焦距 200mm 速度 2 秒 光圈 8 感光度 ISO100 白平衡 手动

　　烟火绽放是瞬间的繁华，拍摄时间极短，拍摄环境是夜间，拍摄对象本身又是发光体，因而属于风景摄影中比较难以掌控的一种景观，拍摄时最好采用手动曝光模式，以保证曝光的准确。这张照片就是在手动曝光模式下使用长时间曝光拍摄的，拍摄者所追求的并非烟花绽放瞬间的形态，而是其燃烧的轨迹，并通过后期剪裁使这些轨迹铺满整个画面，营造出一种视觉上的膨胀感，从而联想到烟火在空中爆炸时瞬间的张力。乍看下，这张照片画面有些凌乱，容易让人产生相机没有端稳的错觉，但正是这些看似凌乱实则沿轨迹散布的光的线条丰富了画面，使午夜绽放的烟花不至于显得单薄。

艺术曝光

风景摄影中，有追求画面明暗层次分明的"正常曝光"，也有甘愿牺牲某些层次和细节，以得到夸张的艺术效果的"非正常曝光"，我们称前者为技术曝光，后者则是艺术曝光。

摄影人首先要做到技术曝光的准确，才能在此基础上打破常规，进行艺术曝光，每一张成功的风景照片都是曝光操作与创作意图完美结合的产物。

诗人以词言志，画家借笔寄情，音乐家歌唱，舞蹈家跳跃，即使是最平凡的普通人，也会用大喊几声来宣泄自己的情绪，摄影人，则通过艺术曝光用无声的镜头和照片表达自身对这个世界存在的困惑、喜悦、感激、震撼、痛苦、悲伤与领悟。

调整曝光获得艺术效果的手段

1. 使用相机的曝光补偿功能。
2. 利用包围曝光改变画面的明暗和色彩。
3. 使用自动曝光锁。
4. 通过点测光方式拍摄出低调和高调的风景照片。
5. 在经验积累的基础上使用 M 档手动曝光模式拍摄。

你不能不知道的风景摄影中的"艺术曝光"

想要得到一张极具艺术感的摄影作品，我们通常会采用一些与众不同的拍摄方法，比如多重曝光法。多重曝光指使用不同焦距分两次或多次曝光来表现一张照片难以表达的内容，一般用来拍摄双影或多影照片，很多后现代派的年轻摄影师都喜欢用这种方式来表现其独树一帜的审美取向和超现实的艺术风格。

多重曝光分为很多种，最为常见的是单纯多次曝光法和叠加式多次曝光法。单纯多次曝光法指在拍摄过程中相机和被摄体保持不动，对被摄体在不同时间不同光照下进行多次曝光拍摄，用以突出其层次感，这种方法多用来拍摄夜景。叠加式多次曝光法是我们用来进行艺术创作的方法，拍摄时预先在画面中的某些区域留出位置，在预留区域内多次曝光，拍摄过程中相机的位置可以固定，也可以根据被摄对象随意移动，这种方法能够让照片呈现出一种超现实的迷离美感。

《阴暗面》 摄影 李继强

拍摄数据：相机 索尼 F828 焦距 25mm 速度 1/250 秒 光圈 5 感光度 ISO64 白平衡 自动 曝光补偿 -2

　　这张照片，与其说是在拍摄风景的形态，不如说是在拍摄风景的状态。我们依稀可以辨认出这是正在融化的冰凌和它在水中的倒影，尽管景物已经完全脱离了其在客观现实中的形态，但是这种形态却以更为内在而深层的涵义表现出来——冰凌正在融化，所以它的形态是不确定的；而水，本身就是无法保持固定形态的存在。二者的不确定性使它们的容颜在不断改变着，而拍摄者所呈现的，正是它们变化过程的具化和凝固的表象，我们不能轻易判断画面上的内容，这种猜测，赋予了它改变的权利和空间。这就是艺术曝光所追求的画面效果——抛除事物的表层意义，也就是最容易被扭曲的那一部分，进而去挖掘它的本质。当我们将事物的本质与灵魂拽出水面时，美，才得以呼吸。

弱光 哲思的时间

弱光摄影是指在非正常光线下拍摄景物,如黄昏、日出前日落后、阴雨或大雾的恶劣天气,以及夜间拍摄,光线不足的环境中,独特的场景和独特的曝光方式,往往能带来更为强烈的视觉冲击力。这些特定的时刻,自然界中的光线每一秒都在发生着变化,时间在画面上无声地流淌,营造出一种亘久静谧的深沉魅力。在这些特定的时刻中,人们并未劳作也未睡去,这是时光女神瑞亚留给我们哲思的时间。

弱光环境中的光源变化多样,很多时间要利用反射光和散射光等间接光源进行拍摄,景物的层次和质感都会受到很大影响,因而要格外注意测光与曝光技巧。

弱光摄影的拍摄要点

1. 通过长时间曝光增加暗部细节。弱光摄影曝光时间往往会长达数秒甚至数十秒,因而,相机的稳定十分重要,一支牢固的三脚架可以帮助摄影人获得清晰的影像。

2. 使用大光圈提高快门速度,保证照片清晰度,营造质感。

3. 手动选择自动对焦点。弱光环境中,对焦和构图极易出现失误,手动对焦可以提高精准度。

4. 利用相机的曝光补偿和包围曝光模式。相机的测光系统很难对弱光场合复杂的光线做出准确测光,包围曝光可以减少拍摄时的失误。

5. 采用 RAW 格式拍摄。弱光摄影很多时候要经过后期处理才能达到理想的效果,RAW 格式是保证画质的关键。

6. 调整感光度扩大闪光范围。在光线极弱的场合下用闪光灯补光是不可避免的,适度提高感光度可以让闪光灯发挥出更大的功效。

弱光摄影中简洁是构图要点,巧妙利用画面中的横线条可以让照片层次更加丰富。

你不能不知道的风景摄影中的"弱光摄影"

在弱光环境中,我们为了保证画面质量,通常会在不改变 ISO 感光度的前提下开大光圈提高快门速度,增加镜头进光量,但是,如果你希望得到的是昏暗环境中景物层次清晰,照片氛围静谧悠远的画面效果,反而应该缩小光圈减少进光量,用慢速快门让光线逐渐打亮画面中的部分场景,当然,选择这种拍摄方式的前提是你必须要有一支三脚架支撑相机。

拍摄技巧小提示

在弱光环境中拍摄时,使用中灰渐变滤镜可以减少局部进光量,达到画面整体均衡曝光的效果,用这种方法拍摄时曝光时间较长,故而要配合使用三脚架支撑相机。因为增加了滤镜的缘故,对焦会变得相对困难,这时要使用相机的即时取景功能,放大对焦点进行手动精确对焦。

《半江残阳》 摄影 于庆文

拍摄数据：相机 尼康 D80 焦距 150mm 速度 1/20 秒 光圈 5.6 感光度 ISO100 白平衡 自动 曝光补偿 −0.33

　　最好的诗歌写于清晨，因为清晨万物尚未苏醒，我们得以听到自己的声音。最美的风景同样拍摄于清晨，太阳尚未升起，光线已将万物的容颜细细描绘，这种细腻的笔触，只有在弱光环境中才能体会。这张照片中影调与色彩的对比都不是十分强烈，为了保留景物层次细节降低了曝光补偿，还是丢失了一部分暗区，但画面中光线在水面上的折射已经达到人眼可以接受的舒适范围，这在拍摄水面粼光的作品中是难能可贵的。照片的整体氛围倾向于低调，而霞光在江面上铺散渲染的色调中和了这种清冷，从而营造出一种平淡且柔和的画面效果。逆光拍摄的渔舟剪影是照片的点睛之笔。

侧光 伦勃朗的笔

　　侧光分为前侧光和正侧光。光线的投射方向与相机光轴成 45° 角左右的光线为前侧光；光源位于相机一侧，投射方向与相机光轴成 90° 角时，光线则为正侧光。侧光常用来勾画被摄体轮廓、表现立体感以及强调画面影纹层次，故而经常使用在风景摄影中。利用侧光进行艺术创作最富盛名的是 17 世纪的荷兰画家伦勃朗，他对光线的运用和对明暗的把握对后来无数的画家有着重要的启示意义，而继承着绘画的传统和遗产的摄影术更是将这种卓越的技巧融入到拍摄中，我们利用侧光构图其实就是在用伦勃朗的笔子勾画风景。

　　前侧光和正侧光相比，在画面上形成的层次更为丰富，影调也更柔和，对色彩的还原度高，故而经常运用在起伏连绵、形态丰富而过渡平缓的景物拍摄中；正侧光产生的强烈的阴影有助于表现被摄体的质感特征，是拍摄建筑物和城市风景的最佳选择。

利用侧光拍摄应注意以下几点

　　1. 准确把握曝光量。侧光拍摄时画面中的光比反差大，故而应尽量对高光区点测光，适当增加曝光补偿，避免局部过曝。

　　2. 注意被摄体暗部的表现。近距离拍摄特写时，可以利用闪光灯或反光板等补光的方式来增加暗部层次。

　　3. 巧妙利用侧光形成的影子构图。摄影是光与影的艺术，我们要注意的不止是光线，还有影调。景物的影子在形状和面积以及长短上的变化可以让画面更加生动而富于空间感。

　　4. 不断变换拍摄角度。自然界中的侧光是在日出日落时，这两个时刻光线每一秒都在发生着变化，拍摄位置的些微移动都会产生意想不到的画面效果。

你不能不知道的风景摄影中的"侧光拍摄"

　　正侧光又被称为结构光线或质感照明，因为这种光线能让被摄物体表面上的每一个细微起伏都产生明显的阴影，从而表现其质感特征。使用正侧光拍摄时，或者利用阴影制造夸张的画面效果，或者使用反光板打亮画面中的暗区，使照片细节更为丰富，反光板要放置在光源对面被摄物体背光的一侧。

拍摄技巧小提示

　　使用前侧光拍摄时要控制光的反差，画面中光比不宜过大；侧光拍摄最忌背景环境过于杂乱，在阳光的照射下，杂乱的景物与它们的投影会严重干扰到构图和画面效果，遇到这种情况，摄影人要尽量用长焦距和大光圈虚化背景以突出被摄主体。

《巅峰晟火》 摄影 张玉田

拍摄数据：相机 尼康 D80 焦距 125mm 速度 1/15 秒 光圈 16 感光度 ISO100 曝光补偿 −1

　　侧光最适合用来勾勒景物的轮廓，这张照片就是利用夕阳西下时的侧光进行拍摄，雪山在阳光照射下好像燃烧的圣峰，让人忍不住叩首膜拜。拍摄者使用小光圈确保了远近景的清晰，低感光度保证画质细腻，整个画面干净、通透。摄影人使用点测光模式拍摄舍弃了一些暗部细节，却让画面更加简洁、利落，被摄主体的地位更加突出，经过后期剪裁处理后，照片更显恢弘、壮阔。

　　人的一生至少要登上一次山巅，去看看天空与大地，聆听远方的呼唤，感受生命的鼓动，惟有站在世界之巅，你才能真正学会放开一些事情，用心去观看风景。

逆光 上帝之手

　　逆光是指光线的照射方向与相机的拍摄方向相对并且来自被摄体后方的光线。与侧光一样，逆光也分全逆光和侧逆光两种，全逆光是从被摄体背面照射过来的光线，又称"背光"；侧逆光是从相机两侧135°角左右的后侧方射向被摄体的光线。

　　逆光拍摄也是风景摄影中惯用的方法之一，由于受光面积较小只能形成轮廓光的效果，所以常常用来强调景物的形态特征以及区别被摄体间的界限。在侧逆光环境中画面的影调和层次都十分丰富，而全逆光拍摄时前景的大面积阴影又成为藏拙的理想手段。由于镜头正对着光源取景构图，因而，在逆光环境中拍摄的照片往往会给人一种光线被赐予的感觉，似乎冥冥之中有一双看不见的手在勾画着世间万物，书写着历史与未来。

逆光拍摄在风景摄影中的艺术表现力

　　1. 强调被摄体形态与质感。在拍摄花卉、枝叶等半透明物体时，逆光可以强调植物边缘的透明感，提高色彩饱和度，透光物与不透光物之间的差距增加了画面的艺术效果。

　　2. 制造视觉冲击力。逆光下光比的巨大反差使主体的剪影突出于画面之上，强烈的视觉效果给观者留下深刻的印象。

　　3. 增加画面纵深感。逆光下拍摄前景暗背景亮，画面由近及远，色彩饱和度由高及低，这种变化形成了微妙的空间纵深感。

　　4. 渲染气氛。在清晨或傍晚时，逆光拍摄能强调天空的细节，与景物的剪影衬托，营造出一种天地之间遗世独立的韵味，这种孤独感极易引发观者的反思与共鸣。

逆光拍摄时相机操作注意事项

1. 选择适当的拍摄时间，日出日落时光线柔和，偏振光少，是逆光拍摄的最佳时机。

2. 手动选择自动对焦点。

3. 利用点测光和曝光锁定功能，对画面中的亮区测光制造剪影。

4. 使用小光圈高快门拍摄。

5. 使用反光板或闪光灯对前景适当补光，增加细节。

6. 拍摄花卉、树叶时用较暗的背景做反衬。

7. 将太阳作为构图中的一部分。

8. 使用遮光罩、帽子、纸板等减少光晕和光斑，或者反其道而行之，利用光晕营造出独特的氛围。

9. 使用相机的逆光补偿功能。

　　逆光是拍摄低调作品的理想光照条件，而在烟云袅袅不辩松柏的雨雾天气中，逆光拍摄的画面效果更似仙境一般，当镜头中的阳光透过被摄物体形成一串串光晕时，我们只能感叹造物主的神奇，感谢光给这世界带来的美好与生机。

《网—湖幸福时光》 摄影 张广慧

拍摄数据：相机 尼康 D80 焦距 22mm 速度 1/400 秒 光圈 11 感光度 ISO100 曝光补偿 −1.67

　　又是一张在日落时分拍摄的照片，这是一个魔幻的时刻，昏暗的光线中，一切事物的容貌都变得暧昧不清起来，这种暧昧总是能让风景的画面效果别具一格，故而，喜好拍摄低调照片的摄影人总是在这个时辰出没。
　　傍晚是逆光拍摄的最佳时间，若是你的拍摄对象刚好又在落日的正前方，那就再幸运不过了。这张照片利用日落时的逆光勾勒出一个窈窕的身影，拍摄者降低了曝光补偿保证了渔网和滩地的细节，在柔和的光线中，收渔网的姑娘好像远古的女神，正要将太阳的余晖收起，用美梦铺洒整个湖面。

漏光 意外之美

眩光、鬼光、光晕等漏光现象一直是摄影人极力避免的，但事无绝对，在风景摄影中，漏光现象反而会为画面增添一丝意外之美。

单反相机的镜头是由许多片单独的玻璃透镜安装在一起组合而成的，当光线通过镜头时，一部分光线被这些透镜表面反射回去，这种内部反射所形成的幻像出现在画面中称之为眩光现象。眩光现象通常出现在逆光拍摄中，很多摄影师为了表现光照的强烈会刻意而为之，让光晕、光斑出现在画面的左上角或右上角处。

漏光现象是很好的气氛渲染剂，常用来营造高调作品中唯美梦幻的意境，在强调氛围的艺术摄影中利大于弊。漏光也让画面更加真实，使观者在欣赏时产生一种被强光照射忍不住眯起眼来的错觉。景物周围耀眼的轮廓光还可以更好地勾勒出物体的形态、细节和质感。

摄影人需要注意的是，当镜头中产生严重光晕时要改变构图，及时调整镜头位置以避免大面积的光斑覆盖被摄主体。

你不能不知道的风景摄影中的"漏光"

要刻意拍出带有眩光的风景照片其实很简单，强光下逆光拍摄即可。拍摄时，将太阳放在照片的左右上角位置上，这样倾斜进入镜头的眩光会比较柔和，不会造成画面严重过曝，影响画质。

记住，要使用相机的小光圈进行拍摄，并且降低一档曝光补偿，否则天空会过分惨白，当然，我们在拍摄带有眩光的照片时应尽量拉高地平线，将天空放置在构图之外，以地面上的景物为拍摄主题。如果你既想要照片带有眩光效果，又希望被摄主体在强逆光下保持较为清晰的轮廓，可以使用闪光灯为景物正面补光。

拍摄技巧小提示

带有眩光的照片多在光线比较强烈的晴朗天气环境中拍摄，在这种光照下，照片的阴影部分色调会偏蓝，我们可以将相机的白平衡选项设置为阴天模式来改善这种状况，也可以在镜头前加一片黄色滤镜，为照片增添些许温暖的氛围。

拍摄蓝天白云时，我们可以在菜单预设中选择"日光"白平衡模式进行拍摄，"日光"白平衡用于户外拍摄时能够保持场景的原有色彩氛围，画面中的成像比较接近实景原色，可以更好地还原蓝天白云的干净透彻的色调。如果对于色彩的还原还不够满意的话，可以在后期处理时进行微调，使用 Photoshop 调节照片的对比度和饱和度。

《晨雾》 摄影 李长江

拍摄数据：相机 尼康 D300S 焦距 25mm 速度 1/250 秒 光圈 11 感光度 ISO200 曝光补偿 −0.33

　　这张照片中的漏光是摄影人刻意而为之，很多拍摄日出风景的照片中都会安排进这样的光线，以增强画面的感染力。

　　清晨，一束阳光透过树林的间隙倾洒在江面之上，点亮了画面的同时也点亮了观者的心情，在这个早晨，仿佛一切事物都变得美好起来。晨雾赋予了光线可见的形态，这种形态让光线变得仿佛可以捕捉一般，伸手就可以将阳光的碎片紧紧握住，这种错觉拉近了观者与画面中风景的距离。在这个寒冷的冬天，因为有阳光的抚慰，世界变得温暖起来。

破坏的艺术

摄影作为一门学科可以分为很多类别，总结起来不外乎两个方向：新闻纪实类和艺术创作类。纪实类摄影要求对影像的真实重现，不能做任何后期处理；而创作型摄影则将拍摄与后期融合成一个整体过程，尤其是在数码摄影时代，后期的再创作极为重要。风光摄影作为艺术创作类摄影的其中一支，在后期处理上的方法不胜枚举，自成一派。

首先，摄影人要清楚这样一个概念，任何后期处理都是对原画质的"破坏"，当然，这个破坏是指在艺术上的重塑，而非毁坏客观存在。艺术创作本身就是一个破坏的过程，创，从刀，金文，形利，原义即是伤害打破，而创作其实就是对固有观念的瓦解，并在此基础上建立新的秩序，无旧的死亡何来新的重生，因而，我们在后期创作中的任何行为都是合理的，是自身对世界理解的重现和对美的诠释。

从这个意义上来看，数码摄影中的后期处理软件在电脑上打开的窗口更像是另一个取景器，在这个窗口前，摄影人要重现审视风景，根据自己的创作意图进行再一次的取舍。

风景照片的后期处理分为两个阶段

1. 将照片准确还原为拍摄时人眼所见的样子。受经验、技巧、器材以及拍摄环境的制约，风景呈现在画面上的色彩与影调往往与我们所见有所差异，这时，就需要靠后期处理来进行修正。

2. 根据自身的情感趋向和审美理解，对照片进行特殊加工，如改变色彩饱和度、被摄体形状、剪裁画面和图层合成等等。

摄影人需要注意的是，前面已经说过任何后期都会对原画质造成破坏，其代价就是细节的损失，因而，拍摄精细的风景照片时要尽量选择 RAW 格式。尽管 RAW 文件打开速度慢，处理麻烦，但是它实现了无损压缩，在后期处理时可以很好地保留画面细节。

你不能不知道的风景摄影中的"图片处理软件"

随着摄影爱好者的增加，数码摄影技术的进步和普及，各式各样的图片处理软件也相应的充斥着我们的耳目，这里推荐几款比较适合风景摄影人使用的软件，以供参考：

1. Adobe Photoshop CS6。这是目前最多人使用功能最全面的图片处理软件，对照片的细节处理比较专业，适合摄影人进行艺术创作，同样，对摄影人的专业后期水平要求也相对较高。

2. 光影魔术手。这款软件适合刚入门的摄影爱好者，它几乎包含了 Photoshop 的所有基本功能，查看照片更为方便，一键式处理也比较容易操作上手。

3. 好照片软件。这款软件适合喜欢 HDR 图片合成的摄影人，它提供了对齐矫正、鬼影去除、色调映射等专业 HDR 处理功能，比 Photoshop 更易上手，同时还支持 Windows、Mac、iPhone、Android、Web 等各种平台。

4. 美图秀秀。这是一款傻瓜式的图片处理软件，它适用于所有人群使用，操作极为简单。这款软件的难能可贵之处是它几乎涵盖了你能想到的现今网络上流行的各种图片处理风格，并且会定期更新，如果你喜欢拍摄 LOMO 风格的照片，同时不计较照片的成像品质，那么这款软件无疑是非常适合你的。

《英雄之死》 摄影制作 李继强

一场大旱 持续了十年之久
起初坚持的人们 渐渐被饥饿和恐慌折磨得失去了理智
秩序被破坏了 进步被遗忘了
人群在烈日的灼烧下披头散发 手舞足蹈 癫狂大笑
言语成为强权的炮弹 战争与屠杀无须任何借口
这片土地上再也开不出鲜花、知识与真理的泉源
光明灼瞎了人们的双眼
光明蒙蔽了一切
在这场疯狂的盛宴中只有一个人还保持着信仰
她艰难地前行着
头顶是巨大的太阳 赤裸的身躯被无数双强劲的手臂扭曲伤害着
脚下的土地渐渐干涸开裂 喷出炼狱的火焰
而前方的路似乎没有尽头 只有无尽的沙漠
但这一切都阻止不了她前进的脚步
信仰 是唯一的力量
信仰 是救赎
最终 她还是倒下了
倒在了黎明的前夕
倒在了希望的挽歌中
在她倒下的地方
一眼泉水渗出了地面
缓慢而坚定地向四面八方漫延着
势不可挡

剪裁 砍断维纳斯之臂

维纳斯的断臂雕像之所以完美,正是因为她那双丑陋的不合乎比例的手臂被砍断,从而引发人们无尽的猜测和想象,在看不到的空间里,这位女神被赋予了千百种姿态,每一种都符合人们的理想和期许,这就是"不完美"的完美。

艺术,很多时候就是需要砍断维纳斯之臂,让比例更加完美,同时,留给人们想象的空间。在风景摄影中,我们通过剪裁来完成。

剪裁有两种方式,一种是镜头剪切,在拍摄时进行;一种是后期剪切,通过图片处理软件来完成。后者相较于前者有更多的时间来思考构图,并且可以修正,多数情况下,一张废片可以经过剪切变为佳作,而佳作则升华为艺术品。对比胶片时代的摄影技术处理,可以裁切出精确的构图比例是数码时代摄影最大的优势之一。

后期剪裁在构图上的优势

1. 裁掉边缘强调空间感。

2. 局部的视觉刺激被放大。

3. 画面更为平衡对称。

4. 去掉多余元素使拍摄主体更为清晰。

5. 增加深度,有效将物体从背景中脱离出来。

6. 修正拍摄时的构图错误。

7. 裁剪掉的部分引发观者视觉补充,为画面增加了联想的意味。

用 Photoshop 图像处理软件对照片进行剪裁时,在【裁剪工具】下勾选【前面的图像】这个选项,软件会自动进行差值运算,保证照片在剪切后大小不变;当你把照片剪裁成为另外一幅作品后,单击"另存为"进行保存,原片不发生任何变化,方便摄影人进行再次创作。

你不能不知道的风景摄影中的"剪裁"

摄影人应该了解,需要进行后期剪裁的照片像素一定要高,高像素的文件在局部裁剪后输出尺寸不会受到太大影响,而低像素文件就很难输出高品质的照片了。Adobe Photoshop CS6 在图片剪裁方面做出了重大改进,首先,软件在默认状态下取消了"删除裁剪的像素"这个选项,这就意味着我们对画面的裁剪是可以无损的,摄影人可以随时改变图片裁剪范围;其次,这款软件还增设了透视裁剪工具,用以纠正不正确的透视变形,操作时分别点击画面中的四个点,即可定义一个任意形状的四边形。

《冰层之下》 摄影 李继强

拍摄数据：相机 三星 GX10　焦距 120mm　速度 1/500 秒　光圈 2　感光度 ISO100　白平衡 自动

　　这张照片通过电脑后期重新剪裁构图，让冰花中的岩石处于画面正中央，并且占据了构图中的大部分空间，从而牢牢抓住了观者的视觉注意力，使被摄主体的形象更加明晰，突出了照片的拍摄主题。制作者利用剪切的手段，不仅让岩石从背景中凸显出来，同时也放大了局部细节，我们可以看到，在这张照片中，冰层的纹路和通透的质感都在岩石的映衬下得到更细致的表现。这种罅隙中一窥究竟的视觉吸引力引导着观者的想象力，使其忍不住去想象在薄薄冰层覆盖下的景观的全貌。

　　在所有脆弱下掩藏的都是坚如磐石的内心。

凝重的诗 局部压暗

　　数码摄影时代，镜头在设计时都会极尽所能地避免暗角现象的出现，其实很多时候，局部压暗反而会更加突出拍摄主体，同时营造出厚重的画面感，这也是为什么几乎没有任何技术含量的 LOMO 相机在年轻消费群体中大受欢迎的原因，其独具韵味的暗角风格为照片蒙上了一层诗句般凝重的思考的氛围。

　　利用 Photoshop 图像处理软件进行后期创作时，我们可以通过蒙版、渐变图层和渲染中的光照效果等多种方式得到局部压暗的效果，为了让画面更自然，建立选区时应适当羽化边缘。

　　局部压暗和添加暗角的后期创作手法在低调的风景摄影照片中十分常见，适用于表现大场面风景中的画面细节和层次，也同样利于突出小品和花卉拍摄中的被摄主体，在以岩石、枯木、废墟等为拍摄对象的风景摄影作品中，压暗的处理可以增强画面质感，并且为照片中的风景增添了厚重的空间感以及历史般沧桑的存在感。

你不能不知道的风景摄影中的"暗角"

　　摄影中，画面四角变暗的现象叫做"暗角"，又称"失光"。失光是由边角的成像光线与镜头光轴夹角过大造成的边角曝光不足现象，这种现象通常出现在使用广角镜头进行拍摄的情况中，但是用鱼眼镜头却几乎不会出现边角失光的现象，因为鱼眼镜头虽然视角极大，但边缘放大倍率却很小。严格来说，暗角的出现是一种技术失误，而多数摄影人却并不排斥这种缺陷，因为暗角的出现可以让被摄主体更加突出，同时让照片看上去更加厚重而具有人文气息。

拍摄技巧小提示

　　用图片处理软件为照片增加暗角时应当注意以下几点：不要影响被摄主体的色彩、层次和影调；在保持被摄主体自然的情况下增加画面饱和度；不要直接在原片上进行改动，新建一个图层来增设暗角；使用图层蒙版功能，将被摄主体提出；为了让照片看起来更加自然，在合并图层之前，调整图层叠加方式，选择一个合适的透明度进行预览。

《神奇的金帐汗》 摄影 张广慧

拍摄数据:相机 尼康 D80 焦距 18mm 速度 1/250 秒 光圈 8 感光度 ISO100 曝光补偿 −0.33

历史之所以沉重,是因为我们不曾经历,只能依靠想象,而想象的世界是残酷的。

历史之所以沉重,是因为我们不曾进入,只能试图理解,而理解是世界上最遥远的距离。

历史之所以沉重,是因为它背负着过往和未来,时间太漫长,漫长到你我以及所有可能性都湮没在其中。

历史太过沉重,以至于再没有其他形容词可以冠名,它是我们存在的基石,我们的文化、生活和意识都扎根其上,如果有什么永远无法遗忘,它必是唯一。

记忆,如此沉重。

任何带有过往符号的建筑,都会让我们联想到历史,建筑本身就是历史的一部分,而要表现出这种历史的沧桑感,利用弱光环境营造出低调效果与局部压暗都是很好的方法。这张照片用仰视的角度拍摄,黄旗紫盖的天空作为背景,营造出一种乾坤变幻的氛围,带有符号象征意义的建筑在这样的天空下彰显出一种独特的故事意味,压暗四角让这种氛围愈加凝重,引导着人们的想象向更遥远的过去延伸。

视觉关联：出乎意料 情理之中

摄影是一次纯粹的视觉上的体验过程，而摄影作品传达的则是一种情感信息，照片唤起观者的共鸣是建立在群体意识和共同感情基础上的，同感是作品得到肯定的先决条件。一张照片，无论它带给你的感情渲染是快乐、悲伤、愤怒、压抑还是莫名其妙的怪诞与扭曲，都是建立在对客观世界的理解和对存在状态的认可上的，由于个体的差异性，这个认知会产生一定变化，但是总体趋向是一致的。

譬如，谈及太阳，人们会联想到温暖、明亮、炙热、橙黄色和圆形等有关其形态特征的词汇和感受，很少有人会将太阳和寒冷、阴暗、黑色或正方形联系到一起，这就是我们所说的群体意识和情感关联，在对摄影艺术的体验上表现为视觉关联。

一般意义上的视觉关联是看到繁花似锦联想到莺歌蝶舞，这是直接关联，平铺直叙，没有意外也没有惊喜；在风光摄影的后期创作中，我们要让作品产生由"春花秋月何时了"所引发的往事与惆怅感，或是由太阳联想到火焰，进而想象出燃烧的大地和篝火边载歌载舞的人们，将其融合到一起，这就是所谓的间接关联，也就是我们所说的"出乎意料、情理之中"，这是艺术需要达到的层次和境界。

视觉上的间接关联可以通过图层合成、添加素材以及改变被摄体形态等图片后期处理手段得到。

你不能不知道的风景摄影中的"合成照片"

进行后期合成的一组照片其亮度必须一致，故而在前期拍摄时曝光模式需采用 M 档手动曝光。除此之外，照片中的焦点也要保持一致性，除了第一张相片用 AF 模式拍摄，后面的照片最好使用 MF 模式进行拍摄。

拍摄技巧小提示

制作合成照片时，对拍摄主体和素材有哪些要求呢？首先，所要添加的素材与照片中的主体光照方向要保持一致，否则画面中光线的不协调会让人一眼看出破绽；添加多个素材时，要注意各个素材的光比和影调是否大致相同，差异较大的话要进行相应的调整，不然，单个突出的个体会分散观者的视觉注意力；原片与素材的像素要尽量保持一致；素材与原片的色彩对比可以很大，但是环境色一定不要有过大的差距；选择合适的羽化范围让素材边缘更加自然。

《凤凰奔月》 摄影 张广慧

拍摄数据：相机 尼康 D80 焦距 27mm 速度 1/640 秒 光圈 8 感光度 ISO100 曝光补偿 −2

诞生 死亡 燃烧 涅槃
又一个千年
星移斗转 石烂松枯
桃花依旧 人面何处
我还是我 世界却已非世界
这样的轮回
何时才能停止？

    这是一张拍摄晚霞的照片，漫天的霞光让人联想到燃烧的火焰，在火焰中诞生的是涅槃的凤凰，所以，拍摄者将空中的云扭曲变形，让其看起来既像火舌又像展翅的鸟，为画面增添一层神话色彩。只是，凤凰奔的为何不是"日"，而是"月"呢？照片中的月亮是电脑后期合成的，它的放置虽然让人有些不解，但也并不突兀，或许，拍摄者的本意就是要让你思考，凤凰奔月，究竟为何？它是要步嫦娥的后尘，还是羡慕那一宫清冷？

戴上"有色"眼镜看世界

风景摄影是一门建立在审美需求上的艺术,照片不仅要具备视觉冲击力,还要达到"情感满足"的标准,在人的五感中,音乐对情绪的影响最大,其次就是色彩。色彩的"7秒定律"表明,人们对事物是否感兴趣只需7秒钟就可以确定,在这7秒内,色彩的影响力占据了67%。

欣赏一张风景作品时,色彩的饱和度越高越容易抓住人们的注意力;而丰富的色相变化则可以引发人们的观看兴趣,延长观赏时间。因而,风景摄影中最常见的后期处理方式就是控制色彩和改变色相,高超的PS技术往往能化腐朽为神奇,让一张平淡无奇的照片变得光彩夺目,引人入胜。

具体操作步骤:打开Photoshop图像处理软件,选择一张照片,在【调整】中改变【色相/饱和度】,根据你对风景的理解和想要表达的创作意图,提升或降低色彩的饱和度。鲜艳明快的暖调色彩可以传达愉悦的情绪,或反其道而行之,降低饱和度,营造出沧桑压抑的情感氛围。

使用Photoshop调整色相是改变照片整体色调最基本的方法,除此之外,摄影人还可以通过包围曝光和HDR软件后期合成来调整照片颜色,使画面色彩更为丰富厚重。

不要忘记"黑"、"白"、"灰"这三个颜色,当一张模糊不清失败的风景照片经过"去色"处理后,往往会增添一种思考的味道在里面,摇晃不定的镜头和失焦的画面恰恰是对这个变化无端的世界的真实写照。

你不能不知道的风景摄影中的"色彩"

在风景摄影中,不同的色彩能诱发观者不一样的情绪波动。植物的绿色是风景摄影中最常见的色彩,它象征着勃发的生命力,同时也是一种可以安抚人情绪使人平静的色彩;红色的出现往往能诱发观者的视觉兴奋点,这种色彩饱含热情,但是大面积使用时会让画面变得危险,形成一种心理上的压抑与负担感。

黄色和橘色是阳光的色彩,出现在各种暖调摄影作品中,它们的使用会让人觉得温暖舒适,可以轻易勾起人们愉悦的回忆;蓝色和青色是主要冷色调,浅蓝色会让人感到平静自然,画面透彻干净,但偏紫色的蓝色调使用时却会让人感到寒冷、压抑和颤栗。

黑色和白色都可以将视觉感受带入两个极端,或者宁静、神秘甚至空虚,抑或压抑、恐怖让人窒息。

了解色彩的意义,可以使摄影人在拍摄时更加确切地表达出创作意图,也让情感的宣泄更加淋漓尽致。

《被落日覆盖的整个世界》 摄影 李继强

拍摄数据：相机 三星 GX10 焦距 10mm 速度 1/350 秒 光圈 6.7 感光度 ISO100 白平衡自动 曝光补偿 −0.67

这张照片的取景和构图都只能称作平常，却因为色调的不平常而吸引了观者足够的注意力。湖畔景观我们差不多都拍过，照片的色调或者是盛夏繁茂的绿色，或者是深秋灿烂的金色，日出日落也不过是一抹浅淡的霞光，这样完全的深红色调主导画面极为少见。毫无疑问，这张照片的色调经过了电脑后期处理，拍摄者要呈现的并非客观景物，而是他内心深处的主观色彩。为什么是这样铺天盖地的红色，是因为感受到了温暖？还是因为在极度的寒冷孤独中分外渴求温暖？照片的色调暧昧不清，观者见仁见智，真正的意图只有拍摄者自己清楚。

后记

　　写完《风景摄影操作密码》这本书，好像又把当年走过的地方游历了一番，那些优美的风景依然历历在目，那种激动的心情再次涌上心头，这就是风景摄影人的人生，我们的时间和记忆由风景构成。

　　编写这本书的时候，因为翻出了从前拍摄的照片，回忆起那些地方的美景和美食，所以我又忍不住来了次故地重游，也算是这本书对于我而言的意外收获了。

　　在这本书的一开头，我便提出了一个问题，什么是风景摄影？那么，已经读完这本书的您，可以按自己的理解回答这个问题了吗？

　　书中我展开谈了在各种天气下应该如何拍摄风景，并且提出了"恶劣天气出好片"这个观点，您都一一尝试了吗？我在书中为您描述了山林、草原、沙漠、戈壁、江河、大海、城市、古镇等各种不同地域的美景，并且指出了怎样拍摄这些美景才能让你的照片与众不同，您已经走过这些地方了吗？

　　如果你还不能给这些问题一个肯定的答案，那么，你就还不是一个合格的风景摄影人。

　　写这本书的初衷是帮助已经入门的摄影爱好者提高拍摄水平，写完这本书后，我希望它对那些拍摄风景多年的朋友一样有帮助，或许，书中的某些个人建议能给您新的启发，使您产生再次创作的冲动，您也可以像我一样，故地重游一番。摄影人永远不能停止行走。

　　编写这本书的过程中得到了很多摄影朋友的大力支持，在这里要感谢张广慧、于庆文、李长江、唐天启、霍英、何晓彦、张桂香、那静贤、苗松石、李英、张山、李胜利、李桂琼、张玉田、任立英、董斌、夏耀轩、杨惠兰、于晓虹、刘成华、赵洪超、冯慧云、陈艳秋、邹玉萍、张荣等人提供的作品，还要感谢编辑的启发和鼓励，希望这本书能给您带来切实的帮助。

李建强

2012 年 11 月 11 日晚